与最聪明的人共同进化

斯 CHEERS

HERE COMES EVERYBODY

SPAN OF CONTROL
绝对掌控

[美]凯丽·D. 洛伦兹 著
Carey D. Lohrenz

孙文龙 译

浙江教育出版社·杭州

掌控工作与生活的关键和技巧，你了解多少？

扫码激活这本书
获取你的专属福利

扫码获取全部测试题和答案，
一起了解如何在不确定的时代
应对挑战、把握当下

- 在忙碌的生活中，多任务处理是一项非常有用的超能力，对吗？（　）

  A. 对

  B. 错

- 为了实现既定的目标，我们要抓好所有的细枝末节，不放弃任何一部分任务。这合理吗？（　）

  A. 合理

  B. 不合理

- 研究表明，负面事件对大脑的影响大于正面事件，但我们可以通过练习来转变心态。下列哪个做法不能帮我们提高从积极的一面看待事物的能力呢？（　）

  A. 定期练习积极思考

  B. 遇到挫折时保持冷静

  C. 面对失败听天由命

  D. 设定现实且乐观的预期

扫描左侧二维码查看本书更多测试题

前 言

在不确定的时代掌控工作与生活

我认为,"绝对掌控"就像一道咒语或者一个参照准则,在面临各种要求极高、极度紧张甚至令人崩溃的局面时,它可以帮助你随机应变,茁壮成长。在过去的几年里,这一点在我身上得到了极好的印证。

2018年对我来说是残酷的一年,我经历了各种各样严峻的考验。

我的工作日程安排得很满。有一天在外地的时候,我接到了一个电话:母亲生病了。她被诊断为肺炎,过了一两周,病情没有太大的好转,她又去看了医生,立即被安排住院治疗。当时我正在准备一场演讲,听到这个消息,便立即飞往佛罗里达州,回到母亲身边。我以为她在医院治疗几天就能出院,但随着时间一天天过去,她变得越来

绝对掌控
SPAN OF CONTROL

越虚弱，她的身体各器官也莫名其妙地开始衰竭。很显然，有什么地方不对劲。她毫无食欲，呼吸非常困难，而且医生每天还要从她的肺里抽出大量液体，这种折磨也消耗着她的生命力。

在接下来两周多的时间里，医生继续用效力越来越强的抗生素积极地为母亲治疗，认为她会"转危为安"。为了稳定病情，医生给她大量地输液、用利尿剂，母亲以前那纤细的腿脚肿胀到正常粗细的3倍，她连下床走路都不可能了。这是一个令人沮丧的治疗结果，因为只有当她能够自己走路时，医生才肯让她出院回家。那段时间我有很多工作合约，不能违约，只能坐飞机往返于佛罗里达州的奥兰多和工作地点之间，参加完外地的活动之后再返回奥兰多，总之，我尽最大努力去划分并专注于当下我能控制的事情。毕竟只是肺炎，我想她应该很快就会好转吧。令人欣慰的是，医生允许我哥哥、姨妈和舅妈来医院探望和陪护她，其他人都不行，因为医生担心其他人被传染上肺炎。

大约在母亲住院的第25天，情况发生了变化。在经过多次的X光检查、抽血化验、肺部引流和组织病理学诊断之后，一位肿瘤科医生给出了一个毁灭性的结果——肺癌四期。

不是肺炎，是肺癌。家里人都崩溃了。我们有各种疑问：是什么类型的肺癌？转移了吗？要怎么治？下一步该怎么做？能放疗吗？能化疗吗？我们能再听听其他专家的意见吗？距离此地最近的肿瘤治疗

前　言
在不确定的时代掌控工作与生活

中心在哪里？预后如何？

世界似乎停止了运转。之后情况变得更糟了，由于佛罗里达州保险法里有一个奇怪的规定，我母亲不能从医院直接转到肿瘤治疗中心。要想去肿瘤治疗中心，她必须先出院，而要想出院，她必须能够走路。然而，她双腿肿胀，虚弱不堪，根本无法走路。为此，医生决定先把她转到理疗康复中心，希望她在那里能恢复一些体力，以便可以获准住进肿瘤治疗中心。

这期间，我回了趟家去看我的孩子，我原准备在家里住上三四天。母亲生病以来，我不是在外工作就是待在医院，其间只跟孩子们在家里短暂地见过一面。于是我在一个星期三的晚上乘飞机回了家。

星期四一整天，我都在忙于弄清楚为什么母亲在康复中心不能做PET扫描[①]。在多方了解无果后，有一名护士发现了问题所在。不知是何缘故，我母亲的病历记录里出现了一个错误，上面写着"出院前不要安排做PET扫描"，而实际上这个检查是在她住院的时候就应该做的。直到星期四晚上，也就是在我母亲到达康复中心24小时后，都没有任何专家来给她做检查，甚至没有任何人给她送来食物。

[①] 全称为正电子发射体层成像，是核医学领域比较先进的临床检查影像技术，主要适用于肿瘤、心血管疾病等。——编者注

绝对掌控
SPAN OF CONTROL

  星期五早上，我扎起头发，端上一杯浓咖啡，又开始打电话。我重任在肩，不顾一切地想找到一个变通的办法，制订出一个适当的计划，让我母亲得到全面诊断，至少要在明确下一步诊治措施之前让她感到舒服一些。

  我预约了当地的一家医学影像中心，准备自费为我母亲做PET扫描。我安排好了从康复中心往返医学影像中心的车辆，又给位于坦帕市的肿瘤治疗中心打了电话，尽量弄清楚入院治疗的整个流程。我还给患者权益维护机构和几位肿瘤治疗专家打了电话。

  正当我跟另一位医生打电话要求他立即安排母亲转院治疗时，我又接到电话：母亲昏迷了，康复中心正送她返回医院。

  挂掉电话，我立即订了回奥兰多的机票，把干净的健身装备扔进还没打开的行李箱，冲了个澡，不到45分钟就出门了。我鼓足勇气，竭力表现得优雅沉着，才登上那趟航班。根据我对航空协议和航空安全方面的了解，我但凡看起来有一点儿不适，就可能会被拒绝登机，那样我也许就不能及时赶到医院去看望母亲了。

  我想起之前相似的经历，那简直不堪回首。10年前，我父亲手术失败，命悬一线，强撑着想见我最后一面。航班几番延误，我一路狂奔，在我冲进父亲的病房几分钟后，他就走了。

前　言
在不确定的时代掌控工作与生活

旧事重现，我不知是否还来得及见母亲最后一面，忍不住泪如雨下。我不停地告诉自己："绝对掌控，绝对掌控，绝对掌控……"我沉浸在悲伤之中，坐在那里默默地流泪。一名空乘人员拍了拍我的肩膀，递给我一叠厚厚的纸巾。当飞机升到一万英尺[①]高空时，我已经把纸巾用光了。也就是说，"绝对掌控"是让我浮在水面上的浮标，尽管很吃力，但不管怎样，我还是浮在水面上。在那一刻，绝对掌控帮助我专注于当下，把握"可能"发生的事情，让我在不知前路何方的时候能够安然处在脆弱当中。我知道，镇定是会传染的，而惊慌失措或极度悲伤的人无法做出正确的决定。我必须竭力支撑。

在飞机上，我得知母亲已经在去医院的救护车上插管了。现在我不得不接受一个事实：我可能再也听不到她的声音了。

接下来 3 天的情况我已经记不清了。期望、祈祷、计划，盯着血压计的读数，数母亲呼吸的频率，等待血气分析的结果……

在重症监护室里，母亲插着管子躺着，一名高大魁梧的创伤科医生，正好也是一位肿瘤学家，把我拉到一边。"你为什么认为你母亲需要做 PET 扫描？"他问道。很显然，某位护士已经告诉他我提出给母亲做 PET 扫描的事。

[①] 因作者后文会讲述航空驾驶经历，涉及具体航空数据，故本书保留英制单位表述。1 英尺 ≈ 0.3 米，1 英里 ≈ 1.6 千米。——编者注

绝对掌控
SPAN OF CONTROL

我回答说:"因为我们需要知道情况到底有多糟,而直到现在我们仍然不知道实情。我们得有个计划。我要带她回家吗?她是不是应该回家,坐在外面的阳光下,舒舒服服地晒太阳?她应该接受什么样的治疗?她能做化疗吗?我们就只能这样等着吗?我们需要制订一个治疗计划。"

这名医生沉默了一会儿说道:"癌细胞已经扩散到全身了,她没法离开这里了。我甚至不确定她还能不能再撑5天。"

听到医生说的话,我感觉整个人都要虚脱了。

我默默地做了几个深呼吸,说:"那么我想我们需要做个新的计划了,谢谢你。"说完我转身回到母亲的房间,握着她的手,听着呼吸机工作的节奏声。在所剩不多的时间里,我必须集中精力,时刻陪伴在她身边。

在接下来的两天里,整个医疗团队马不停蹄,努力稳住她的生命体征、呼吸和血氧水平。他们想试试能不能拔掉气管插管,这样她至少可以说话。他们帮母亲停掉了镇静剂,让她恢复了意识。她纤弱的手早已因静脉注射而变得肿胀不堪,双手的手腕也被绑了起来——这是避免使用呼吸机的病人拔掉管子的常用方法。这时候,母亲用手示意要交流。她做了一个写字的动作,护士拿来一张字母板。对于一名刚从镇静状态苏醒过来的病人来说,握笔写字太困难了,所以他们用

前 言
在不确定的时代掌控工作与生活

点拼字母板来代替。

母亲眼里噙着泪水,慢慢地"打"出几个字:"我不行了。"

几个小时之后,她终于能够低声说话了。她对我说的最后一句话是:"我爱你。我们很快会再相见,但也不会太快。"

说完这句话后不到 24 小时,她就离开了这个世界。

接下来的几个月里,我的生活一直有各种不如意。在失去了我心爱的母亲之后,我又失去了一位亲近的叔叔和一位敬爱的姨妈。我马不停蹄地出差,又遭遇巨大的职场变动,健康也出了问题。这一切都可能会把我摧毁。

如果我不知道如何面对压力,没能认清自己的弱点,没有把注意力放在最重要的事情上,没有制订一个最佳的飞行计划,没能清楚地表达我的意图,那么我也许已经被打败了。我只能深呼吸,然后继续前进。有些日子确实是令人望而生畏,所有的挑战都需要鼓起勇气面对,我的情感和体力几乎被消耗殆尽。

我们在生活中都经历过严峻的考验。**令人刻骨铭心的事件不仅会改变你的生活,最终还会塑造你的行为方式,决定你会成为什么样的人。**有时候,各种困难看起来似乎都无法克服。更糟糕的是,如果你

绝对掌控
SPAN OF CONTROL

找不到前进的方向，它们会让你身心痛苦、僵硬冷漠，满怀怨恨而又无法自拔。

如果你还没有经历过生活的考验，我建议你现在就花点时间向那些经历过的人了解一下。我希望《绝对掌控》这本书能成为你思考、理解和行动的指导手册，让你在任何情况下都能取得成功。

从全球的角度来看，我们正处于一个极其动荡的时代。从新型冠状病毒疫情到政治局势，世界瞬息万变，以至于我们为未来三五年做出的计划或预测看起来可能都荒唐可笑。

然而，我们仍泰然处之，仍满怀希望，因为我们内心深处知道，必须采取一种更明智的前进方式。我们都不想得过且过、碌碌无为，或者在经历风雨之后，最终被生活打回原形。

在内心深处，我们可能明白我们已经失去了对一些事物的掌控。有些人甚至可能面临着强烈的不确定性，已经放弃了对自己作为领导、团队成员、朋友和家人真正想要的和真正想成为的人的追求。

在过去的 30 多年里，我一直在各种组织中生活、学习，研究其中的领导力、高绩效行为、风险管理和人为因素。在我看来，有一点毫无疑问：这是一个充满挑战的时代。

前　言
在不确定的时代掌控工作与生活

写这本书的时候，我已经体验过地球上要求最高、压力最大的环境之一——F-14 战斗机的驾驶舱。就是在那个驾驶舱里，我学到了一些永生难忘的经验。这些经验不仅关乎飞行，还关乎生活和领导力。我的驾驶舱之旅也给了我不可或缺的洞察力。离开军队之后，从《财富》500 强和福布斯全球企业 2 000 强的高管到中层管理人员，从公司老板到职业经理人，再到高水平运动员，我都跟他们共事过。这种经历有助于我进一步总结生活和领导力方面的经验，并将这些经验分享给他人，帮助领导者及其团队发展壮大他们的事业。

在我的第一本书《无畏的领导力》(Fearless Leadership) 中，我描述了自己从美国中西部的一个小镇孩子成长为驾驶价值 4 500 万美元的战斗机的飞行员的经历。在这一过程中，我学到了很多。我曾为海军航空领域和商界之间的相似之处感到震惊，现在依然如此。在这两种环境下，领导者都必须在不断的变化中，顶着巨大的压力去执行高度复杂的任务。人们总是指望领导者能采取正确的行动，出现差错则会导致巨大的经济损失或者毁掉领导者的职业生涯。没有比这句话更有力、更贴切的了：高绩效团队需要无畏的领导者。

无论你的处境如何，确保你成为最佳领导者的首要方法就是培养克服恐惧的能力，并能够在恐惧中把该做的事情做好。当我在各种危险的情况下，在航空母舰的飞行甲板上处理各种生死攸关的情况时，克服恐惧的能力让我得以幸存，这是一种让任何领导者都能保持价值、赢得尊敬并向前迈进的能力。如果你能掌控恐惧，你将无人能敌。

绝对掌控
SPAN OF CONTROL

现如今，我们生活在一个混乱的时代，这对我们所有人都不利，无论你是教育者、企业家，还是身为父母、合作伙伴或学生，每天都会有越来越多的事情要做，但用来做事的时间却越来越少。我们都会在早上列出待办事项清单，可是到下午5点能完成3件事就算是很幸运了。我们挣扎着应付爆满的电子邮箱或各种没完没了的事情，被工作、社交和家庭琐事搞得晕头转向。电话铃声和实时新闻报道令人心烦的"嗡嗡"声此起彼伏，报道中的事件有些发生在几千里外，有些就在门口的大街上。

正因如此，在本书中我试图以《无畏的领导力》中阐述的三部分内容（优秀领导者的永恒特质、建立韧性的方法及其他典范做法）为根基，将其应用到我们目前的处境之中。**当我们赖以生存的系统处于混乱、剧变中甚至崩溃的边缘时，我们要确定哪些仍在掌控之中。**

毫无疑问，这是一个有趣的时代，我们的责任似乎也变得越来越重。在此我想告诉你们：不要灰心丧气。在危机和不确定中，有真正的成功机会。最大的挑战，也是最大的机遇。我们应学习如何适应所处的环境，而不是被周围环境压倒。在本书中分享的这些引人入胜的故事、简单的练习以及研究中，你会找到可以应用于家庭生活、工作场所、团队协作和任何组织中的各类工具和策略。我一直认为，领导力不只意味着获得一个有影响力的头衔或职位。从某种意义上说，我们都是领导者，这意味着，不管职位高低，在压力面前取得成功的关键就在于：知道哪些是我们能控制的，哪些是我们不能控制的。

前 言
在不确定的时代掌控工作与生活

为了解决混乱、变化和不确定性带来的各种问题，为了我们的承诺、目标和梦想得以实现，我们必须利用各种机会让我们自身和我们的团队有明确的、可实现的目标。

这意味着我们需要学会分清轻重缓急，找准重点，克服困难。为了成功，我们需要制订一个"飞行计划"，将我们所学的技巧、拥有的激情和能力融合到一起。我们还需要一个将其付诸实践的计划，借此减轻压力，找到乐趣，不仅存活下去，而且要在任何一个领域以追求高绩效的个人和领导者的身份活得更好。

《绝对掌控》这本书的基本宗旨是，了解你在任何给定的时间内能够有效管理的事情的数量和种类。在接下来的章节中，你将发现，自身的掌控能力并非一成不变，随着情况的变化、能力的增长和转变，你的控制范围也会发生变化。

我向你保证，绝对掌控并非不切实际的想法。它具有高度的可行性和极大的鼓舞性，可以使人们获得并保持专注力。

通过我个人和来自各行各业的人们克服自己所遇困境的故事，我希望可以传授给你一些必要的技能和工具，以便无论处在何种境地，你都能制订成功的"飞行计划"，并利用好自身的控制范围。我希望你能从中获得面对困境的准则和技能，从而提高自信心，并且相信无论遇到什么问题，你都能解决，能够超越一切可能。

绝对掌控
SPAN OF CONTROL

我们将一起来看一看各种类型的领导者是如何利用绝对掌控原则克服逆境、应对各种意想不到的境况的，有时他们甚至都不知道这就是绝对掌控。

我们将深入研究这门令人大开眼界的科学，揭秘你的大脑在遭遇极度压力、不确定性和混乱时如何工作。

我们将通过行之有效的实践、工具和练习来帮助你排除杂音，获得可行的见解，并利用你的绝对掌控力，使自己能够专注于与你关系最密切、对你来说最重要的问题。

在本书第一部分，我们将讨论危机和挑战的基本迹象，以确定我们的控制范围。我们将分析这些挑战在现实生活中是如何出现的，如何识别它们，以及如何将它们最小化。

在第二部分，我们将转向心态及改变心态的方式等问题。个人或集体改变心态的方式可以极大地影响我们应对挑战的能力，并驱使生活朝着我们的既定目标前进。

第三部分是一个行动呼吁。我们将从之前的工作转向专注于创建一个聚焦个人成功的行动计划，并对它加以扩展，以满足任何团队和组织的需求。在这部分，你将了解如下几个方面：

前　言
在不确定的时代掌控工作与生活

- 如何设定清晰的愿景并制订出以成功为目的的计划；
- 如何表达这个愿景，并将其转化为具体的目标和可实现的"必做事项"；
- 如何实现突破，达到全新的水平。

最重要的是，你将学会如何在一个充满激烈挑战或严重危机的时期实现这一切。为了解决混乱带来的各种挑战，让我们的承诺、目标和梦想成为现实，我们必须明白的一点是，要想在压力之下取得成功，并全面提升我们的表现，我们必须清楚哪些在我们的掌控范围内，哪些不在我们的掌控范围内。

在此我想要告诉你，并且在整本书里都会提醒你：你有能力处理、应付、克服、对抗、掌控、维持、承受、平衡和保存生活抛给你的一切。

对我们每个人来说，这一切终将引发我们的绝对掌控意识的觉醒。

目 录

前　言　在不确定的时代掌控工作与生活

第一部分
面对失控，持续关注最重要的事情

第 1 章　确定控制范围，避免任务过载　　　　　　**003**
　　　　　培养目标意识　　　　　　　　　　　　　013
　　　　　对不太重要的事情说"不"　　　　　　　016

第 2 章　确定事项优先顺序，拒绝多任务处理　　　**027**
　　　　　有意识地关注重点任务　　　　　　　　　037
　　　　　利用"组块"整合复杂的任务　　　　　　042

第 3 章　确定注意力集中在控制范围内，对抗压力　**047**
　　　　　面对压力的 4 种反应　　　　　　　　　　054
　　　　　识别精疲力竭的 4 个征兆　　　　　　　　061

绝对掌控
SPAN OF CONTROL

第二部分
改变心态，重拾掌控力

第 4 章	学会取舍，放弃什么都必须做好的想法	**069**
	确定 3 件事，一次 1 件事	074
	为快乐而奋斗	076
第 5 章	脚踏实地，面对逆境仍然心存感激	**085**
	锻炼坚韧的心态克服焦虑	089
	创造积极体验消除恐惧	093
	直面自我怀疑摆脱混乱	109
第 6 章	用行动战胜恐惧，培养成长型思维	**113**
	从固定型思维转向成长型思维	119
	创伤也会有好作用	124
第 7 章	用良好的习惯消除焦虑，做出正确决策	**129**
	用持续行动对抗过度思考	132
	对可以掌控的事了然于胸	138

目 录

第三部分
运用掌控力，挑战不可能

第 8 章　专注就是力量，集中精力做最重要的事　　155
　　　　　训练大脑排除干扰　　161
　　　　　清理待办事项清单　　169

第 9 章　从可控部分入手，实现困难又大胆的目标　　177
　　　　　目标越大，收获越大　　186
　　　　　分割大目标，庆祝小胜利　　196

第 10 章　制订计划，让绩效最大化　　203
　　　　　准备，执行，获胜　　207
　　　　　制订个人的"飞行计划"　　224

第 11 章　持续沟通，为成功加速　　235
　　　　　分享共同的目标　　238
　　　　　精心打磨愿景　　244
　　　　　简化复杂的信息　　248

第 12 章	勇于承担风险，完成"不可能的事"	**257**
	用积极的心态，重新评估自己	262
	打破自我设限，永不言弃	273

结　语	持续战斗，一切皆有可能	**281**

第一部分

面对失控，持续关注最重要的事情

SPAN OF CONTROL

第 1 章

确定控制范围，避免任务过载

克服混乱最好的方法就是专注于自己真正能掌控的事情。

The best way to conquer the chaos
is to stay focused on those things
I truly can control, right now, this
moment.

第 1 章
确定控制范围，避免任务过载

　　我即将在一艘航母的甲板上降落我的"雄猫"[①]——一架超音速双引擎战斗机。这是航空史上最危险的演习动作之一。我的着陆跑道随着浪峰不停地移动，要想精准降落就像把一头大象塞进钥匙孔一样艰难，单凭这一点就足够危险了。然而，当时还是在半夜，黑暗让人迷失方向。当我以每分钟数百英尺的速度急速下降时，我几乎看不到航母上的灯光，也看不清地平线。我能看到的只有黑漆漆的一片。

　　甲板上的一排发光点像跷跷板一样不断缓慢地左右倾斜，倒计时开始了。在距离航母甲板 0.75 英里的高度上，我听见着陆信号官高声喊道："105，继续，继续，0.75 英里。给出着陆引导点的位置信息。"

[①] F-14 雄猫战斗机，美国海军曾使用的一款双座双引擎超音速多用途舰载战斗机，属于第 3 代战斗机，主要执行舰队防御、截击、打击和侦察等任务。1972 年 5 月交付美国海军使用，2006 年 9 月正式退役。——译者注

绝对掌控
SPAN OF CONTROL

我的雷达拦截官回复道："105，雄猫着陆引导点，5.7，洛伦兹。"

我打起精神，相信自己的准备、练习和经验能够抑制住内心深处强烈的恐惧感。我不想一头扎进水里，或者撞到航母的尾部，这种情况我们称之为"斜坡撞击"。

着陆信号官平静地回答："收到，雄猫，风速 20 节[①]。"

驾驶舱里，我的雷达拦截官正在以"英尺/分钟"为单位大声报出我们的下降速度："600……650……600……600……600……"这样做的目的是让飞机的降速保持稳定，确保安全着陆。

肾上腺素在我的身体中奔涌，汗水浸湿了我的额头，我的注意力被分散到无数个不同的方向。此时此刻，有如此多的事情是我无法控制的——呼啸的狂风、无边的黑暗、汹涌的海浪以及不断移动的目标。然而，得益于那些专门的训练和准备，我知道此刻只要专注于 3 个关键点即可：

目标，列队，攻角。

[①] 节是指舰船在单位时间里所航行的里程，以海里每小时计算，1 节 =1 海里/小时，即 1.852 千米/小时。——编者注

第 1 章
确定控制范围，避免任务过载

SPAN OF CONTROL | **目标，列队，攻角**

- 目标：橙色的光显示飞行员与最佳下滑路径的距离（过高或过低）。
- 列队：对准航母着陆区域的中心线。这是一项特别具有挑战性的任务，因为着陆区域中心线向左舷倾斜了 7°。为了确保停到中心线上，飞行员必须不断地向右矫正航向。
- 攻角：飞机两翼相对于气流的角度。如果飞机攻角太大，两翼会因为通过飞机顶部的气流被截断而停摆，即飞机熄火。这个角度决定了飞机尾钩在飞行员眼睛下方的距离。由于每架飞机都不一样，对于飞行员来说，按照给定的速度飞行至关重要，这样尾钩就不会晃来晃去，当飞机在航母上着陆时，尾钩就能准确地钩住拦阻索。

这需要高超的手眼协调能力、转移注意力的能力，以及无论发生什么都毫不动摇的决心。不过我知道，如果我能处理好目标、列队、攻角这 3 点，就能增加安全着陆的概率。现在，这 3 点都在我的掌控之中。此时此刻，我要关注的不是风，不是大海，不是早上指挥官跟我说的话，也不是我明天打算做的事。我要关注的只有目标、列队和

攻角。此时此刻，这3点就是我的全部世界，我的注意力以超高速从一个关注点转移到下一个关注点上，每秒钟的转移次数高达10次！

目标。下一个，列队。下一个，攻角。

轰！我触到了甲板。我的速度是145节，接近每小时170英里，我的雄猫战斗机的尾钩钩住了一根拦阻索。我猛推两个油门，然后才按下减速板，以防尾钩未能完全钩住拦阻索，或者拦阻索断掉，那样的话，我就不得不再次起飞。我在1.2秒内完全停稳了飞机，我的身体因巨大的惯性向前猛烈撞击，我感觉胳膊和腿都要飞出去了。

成功着陆了。这类着陆就像可控的汽车碰撞，触地瞬间产生的冲力足以摧毁大多数其他类型的飞机，却不会损伤雄猫战斗机。全世界只有少数国家的海军和海军陆战队的战斗机飞行员能在夜间将高速飞行的战斗机降落在航母上，很多人甚至连尝试都不敢。你可以想象，做这件事还是会有不小压力的。

在太平洋战区执行任务，你有机会体验世界上最危险的海浪和波涛。通常情况下，航母的后端可以浮出水面35～40英尺，这似乎不算什么大问题，但当你准备以每小时近170英里的速度在一艘航母上着陆，而你只有大约6～8英尺的可操作距离的时候，你会怎么办？你面临一个角度的问题。当你第一次在白天看到航母尾部浮出水面的样子时，你将会感叹自身的渺小。

第 1 章
确定控制范围，避免任务过载

现在想象一下夜晚条件下同样的场景。处在离海岸上千英里的地方，你根本无法控制周围的环境，无法控制天气，无法控制航母，无法控制你的任务，无法控制你的通信系统，无法控制你的机载系统，也无法控制你的队友面对压力的反应。

即使对于经验丰富的战斗机飞行员来说，夜间着陆航母也一直是一个挑战。这项任务从来都不是轻而易举能做到的，也不应该轻易就能做到。这不是降落在一万英尺长的跑道上，而是降落在一张来回快速晃动的 300 英尺长的"邮票"上。

夜间着陆航母的风险很高。总会有不确定和不可控因素，甚至是灾难，这些都需要我们去解决。无论是在执行战斗机飞行任务时，还是在日常生活中，挑战极限的风险都是不可避免的。唯一能稍微缓解紧张和焦虑的方法是再做一次，一遍又一遍地重复去做。

值得高兴的是，专注于自己的控制能力是一项所有人都可以习得的技能。重复的练习、不间断的准备，都是为了准确掌控手中已有的信息，以便尽可能地做出最佳决定。这就是所有的战斗机飞行员以及我们中的许多人下定决心不断学习的原因所在。我们充分利用自身的经验来不停地获取新的信息和认识，做好充分的准备和训练，以期得到更好的结果。

不管别人想让你怎么想，没有人能在第一天就成为一名合格的战

斗机飞行员，即使是那些拥有几百小时民用飞机飞行经验的人也不敢自夸。

如何训练才会有效？无论你是在海军学院参加预备役军官训练营（Reserve Officers' Training Corps，ROTC），还是在航空预备军官学校（Aviation Officer Candidate School，AOCS），从第一天就要开始认真训练。训练就像搭积木，一项技能接着一项技能往上垒。训练过程中，你总是会处于某种压力之下，身体压力、学业压力、睡眠不足以及其他你能想象到的压力，这些压力会让你感到疲惫。而且，像学走路一样，你必须先学会如何爬，再学会走，最后才能学会跑。你的最终目标是能够在极端条件下成功操作空对空战斗、高速拦截、对地面部队的近距离空中支援、照相侦察，最后在夜间着陆航母。在压力下，你不仅要应对自如，还要沉下心来提高你的训练水平。或者说，至少得有这种想法。

但这些话我说得有点早了，因为首先你必须成功通过飞行学校的所有训练阶段，或许才能达到上述要求。海军飞行员的飞行训练需要12~24个月，时间长短取决于你的训练序列，即飞机类型，直升机、螺旋桨飞机和攻击战斗机的训练时间长短不同。在初级、中级和高级的每一个阶段，我们都有理论学习和各种考试，经常一天飞很多架次，并不断地接受评估。

尽管有些人可能很想成为海军飞行员，但实际上每个阶段都会淘

第 1 章
确定控制范围，避免任务过载

汰很多人。虽然每个初级班有 10% 的人有机会进入攻击战斗机的训练序列，但这并不意味着你会在这里拥有一席之地，最终的结果是由你的成绩和海军的需要综合决定的。所以，竞争从一开始就非常激烈。攻击战斗机是所有机型中训练花费时间最长的，你需要大约两年的时间来获得所有训练者梦寐以求的海军飞行员金色徽章。

那么，还有好消息吗？

我们从高级攻击战斗机训练开始就要训练低空快速飞行。说实话，那是我最享受的飞行了。飞机在群山之中穿梭，在山谷中翻滚，速度之快令人难以置信，肾上腺素飙升。每次飞行的成本都高达上百万美元。

很显然，这种在低空环境下的飞行不仅工作负担重，而且风险极高。我们已经在高负荷、高压力的环境中不间断地训练了近两年的时间，甚至在到达这个训练阶段之前，就已经形成了自己的应对机制、飞行技巧和诀窍。美国海军航空训练指挥部的《低空感知飞行训练指导》(*Flight Training Istruction for Low Altitude Awareness*) 指出，此类任务"处在一种任务过载的环境之中。在这种环境下，飞行员有可能在还没有清楚地意识到潜在的危险之前，就会突然面对任务过载的状况"。

任务过载又称任务饱和，是指飞行员必须关注的事情的数量超过

了大脑处理信息的能力所能负荷的数量。换句话说，当有太多的事情需要飞行员注意时，如果他把注意力分散到所有事情上，就可能导致出现人员伤亡的重大事故。

我和你分享这些，是为了让你能够想象出来那会是一种怎样的体验：在伸手不见五指的夜晚，把战斗机降落在航母上，或者在低空中以超出这个国家其他大部分地区法定速度的速度呼啸着穿过沙漠，这个过程中如果出现差错，在 0.3 秒内就会酿成大祸。这一过程毫无确定性可言，充斥其中的是焦虑、紧张、肾上腺素激增、恐惧和兴奋。不同的人对这种恐惧会产生截然不同的生理反应：有些人很享受，有些人会出汗，有些人会呕吐，有些人会边呕吐边打嗝，有些人会心跳加速，还有些人会起鸡皮疙瘩。

几乎所有飞行员都有过手掌出汗、肢体麻木、疼痛或恶心的经历，都体验过在着陆失败后，又折腾几次才最终降落，特别是在夜间进行航母着陆的时候。

这一切在我身上都发生过，我们做飞行员的都体验过。我们甚至对此有了一个专门的说法，称它为"滚筒之夜"。

但我们所有人都必须弄清楚的一点是，如果想要成功，我们该如何克服这些感觉。当片刻的疏忽可能导致灾难的时候，我们应该如何将注意力放在最重要的事情上？要如何培养自身的目标意识？

第1章
确定控制范围，避免任务过载

培养目标意识

我们的目标是避免任务过载，对当前和潜在的危险保持清晰的认识，并能够完成任务。

我们都有过恐惧、沮丧、焦虑和不堪重负的感觉，明明自己有很多工作要做，却没有足够的时间、工具或能力去完成。当你突然面临许多变化，面对压力和焦虑的时候，你内心那种不堪重负的感觉是否来自信息过载？当你的大脑优先专注于某件事情，试图重新控制并稳定局势的时候，那种不堪重负的感觉是否来自技能过载？无论如何，最终的结果是一样的：当你面对压力和焦虑时，你原本具备的那种一心多用或者切换任务的能力突然彻底消失了。

压力和焦虑缩小了我们的感知范围，限制了我们处理新信息的能力，降低了我们工作时的记忆能力，并抑制了信息回忆和长期记忆能力。在所谓的"强烈但错误的影响"下，压力甚至会恢复你以前习得的行为，这些行为可能有效，也可能无效。总的来说，压力和焦虑结合到一起，压制了你完成工作的能力，并很有可能让你无法执行事先精心设计好的计划。

美国军方花费了大量的时间和金钱来做研究，试图减少任务过载状况的发生。但最令人惊讶的是，早期的研究发现，通常情况下，飞行员甚至都意识不到任务过载。在有所感知之前，他们就已经处于认

知过载状态，随即撞地坠毁。

然而，战斗机飞行员已经形成了相应的应对机制、飞行技巧和诀窍，能够在极端压力下完成极高的任务负荷。这就引出了接下来的话题，也就是我想和大家分享的关于如何专注于你的控制范围的问题。

你可能已经对如何在企业界运用绝对掌控了然于胸。企业界所说的绝对掌控是指一次可以有效管理的直接工作报告的数量。但在海军中，这个概念要宽泛得多，尽管这个词本身并不经常使用。

你的控制范围是由在给定的时间里你能够控制的事情决定的，其他一切都只是干扰。绝对掌控提醒我们当下应该关注什么，并让我们知道除此之外的一切都在我们的控制范围之外，因此不应该占用宝贵的心理空间。认清自身的控制范围可以让我们持续专注于最重要的事情，是在执行要求高、压力大的飞行任务时，控制各种干扰和压力的重要工具。在海军中，你的控制范围不仅能让你活命，还能让你的使命和目标变得更加清晰，让你热爱你的工作。

对我来说，绝对掌控不仅仅是一个词，也是一个咒语。多年来，

> **SPAN OF CONTROL**
> 你的控制范围是由在给定的时间里你能够控制的事情决定的，其他一切都只是干扰。

第 1 章
确定控制范围，避免任务过载

这个咒语在我的灵魂中落地生根，并成为我生活中最大的动力和激励因素之一，所以我在右手腕内侧文上了"SOC"[①] 3 个字母。每当我感到不堪重负时，我就低头看看它们，提醒自己我能掌控的就这么多，此时此刻，克服混乱最好的方法就是专注于自己真正能掌控的事情。

为什么要关注"控制范围"？为什么不把注意力放在那漂亮的字体上？为什么不全神贯注地打坐冥想？因为"控制范围"有具体的目标，具有可操作性。正如我在《无畏的领导力》(Fearless Leadership)一书中深入阐释的那样：行动可以战胜恐惧。

绝对掌控是一种策略、工具、参照标准和行动指南，一种能让我保持理智、抓住重点并专注于任务的指导力量。它可以缓解抑郁、焦虑和压力，指引我走出失落、悲伤和痛苦。它让我对自己热爱的事情保持热情，消除那些令我沮丧的因素。它能让我在飞行中弄清楚可能会发生的事情。它不止一次在波涛汹涌的太平洋上方的夜空中救了我的命。

> **SPAN OF CONTROL**
> 绝对掌控是一种策略、工具、参照标准和行动指南，一种能让我保持理智、抓住重点并专注于任务的指导力量。

[①] Span of Control（控制范围）的首字母。——译者注

绝对掌控
SPAN OF CONTROL

对不太重要的事情说"不"

你可能从来没有过坐在雄猫战斗机驾驶舱里的体验，但毫无疑问，你肯定会有不堪重负、劳累过度、压力过大和闷闷不乐的时候，这些时候你会迫切需要某种确定性来支撑自己。

作为4个孩子的母亲，也作为妻子、商业顾问、公司老板、董事会成员以及面向全球听众的演说家，我首先要说：我们在地面上感受到的压力几乎和在4万英尺高空中感受到的一样大。

我们生活在一个混乱不堪的时代，这种混乱影响到了我们每一个人。在新冠疫情暴发之前，我每年要巡回演讲100多次，同时还要经营企业并承担董事会的相关职责。这些本来已经够难处理的了，现在，因为新冠疫情，工作已经从公司转移到家里面，一切开始在网络世界里运行。

以前，伴随着手机的铃声和令人沮丧的新闻报道的"嗡嗡"声，我们被工作、社会和家庭义务拽向无数个方向，现在更加明显。无论是过去还是现在，源源不断的信息和我们自己内心深处的末日感都在消耗我们的能量。生活中漫无边际的失望，尤其是那些突如其来的失望让我们心力交瘁。我们会感到疲惫不堪、无从应对、灰心丧气，或者只是单纯的恐慌。

第1章
确定控制范围，避免任务过载

在外风尘仆仆地忙活数周之后，谁也不希望自己打车去机场被堵在路上，因为耽误太长时间，即将错过当天最后一班回家的航班，压力大到几乎掉泪。度假回来的路上，谁也不会希望自己在Facebook上浪费3个小时，一边嫉妒地浏览以前好友的新状态，一边因为他最近的升职在心里痛苦地、默默地咒骂。在为孩子的足球比赛加油的时候，谁也不希望自己要戴着耳机去听上周的报告，或者想着一周后要发的邮件。

我们大多数人都想不到，新冠疫情会在毫无预警的情况下让我们的企业在一夜之间破产倒闭；也想不到我们会在家里全职工作的同时，还要监督孩子上网课；更想不到我们会在线上经营企业，甚至在线上找一份新工作。这太让人难以接受了。

几年前，我们一家搬到别的州，在那里我们几乎一个人都不认识。我丈夫经常出差，每次一出去就是两个星期。那段时间，我则和4个不到7岁的孩子斗智斗勇。每天早上我要送两个大一点的孩子去不同的新学校上学。没过几个月，我们又要卖房子，因为我们发现刚住进来的房子实际上建在不安全地段。那段时间我要参加孩子们的课后活动，还要不停地接待看房子的人，但房市低迷，房子卖不出去，那真是一场可怕的房地产风暴。我还自愿报名参加了家校联合会，而我住在1 068英里外的父亲在一场雪地摩托事故中又受了重伤。

紧接着，有两个孩子又要做手术。祸不单行。坦白地说，当时

绝对掌控
SPAN OF CONTROL

我觉得我只是在应付所有的事。

我的祖父母分别是荷兰和匈牙利移民,从他们身上,我学会了从不抱怨,从不大惊小怪。我们从不做戏,习惯了只是做实事。

从某个角度来说,我"处理"了所有的事情。我没有发脾气,也没有大喊大叫,只是把这些事情都处理完了,这个过程中我一直在让自己振作起来。真是心疼那段时间的自己。

打扫房子:完成。从学校带回来的各种许可回执:完成。家长志愿活动:完成。给孩子们准备水果和蔬菜:完成。工作:完成。锻炼:完成。业务和工作正常进展:完成。我的生存模式是划掉每件完成的事情。

但实际上我并没有"解决"这些问题。我只是把一切都揽下,然后努力去做,这就是 A 型血人的特点吧。我试图在生活的宏观层面上同时处理多项任务:孩子,健康,父母,丈夫,朋友,工作。

我必须按时接送孩子们,保持房间一尘不染以备随时有人前来看房,努力让孩子们定时小睡——这一点我相信两岁以下孩子的父母都懂,我能听到你们笑着举杯,或者立刻与我击掌表示赞同。远在千里之外的父亲的病痛让我感到悲伤无助,尽管如此,我还是不得不和经常出差的丈夫一起在这个新的城市生活,不得不经常结识新的邻居,

第1章
确定控制范围，避免任务过载

还要参加家校联合会活动，操心给孩子们预约专家和外科手术。没有任何人帮我做这些事情。附近没有亲朋好友，这个陌生的地方也请不到保姆。

最终，我开始不堪重负。尽管大多数人都认为我抗压能力很强，但压力还是不知不觉地影响到我的健康。我连续多日睡眠中断或者整夜无法入眠，同时我还要关注他人的身体健康，还要照顾一个新生儿。我想说，如果一晚上能连续睡上3个小时，对我来说就是一份厚礼了。

我怀念在AOCS度过的那些单纯的日子，那16周不间断的、高强度的身体、心理以及学业的压力和训练，考验着我全部的体力、耐力和毅力。连续数周睡眠不足，进行12英里跑步训练，仍要在课堂上极力保持清醒，时刻等待着教官的那一声怒吼："开始！"其他教官会从灌木丛、垃圾桶之类的物体后面突然冲出来，诸如此类的你所能想到的训练应有尽有。他们通过这种有创造性的方式来将你制服，从身体、精神和情感上让你痛苦不堪。这一切看起来似乎更"单纯"、更可行。我明白，如果你能扛过来，它就会让你变得更强大。如果你成功了，你将到达一个众所周知的终点：毕业。

但当你有了4个未成年的孩子，管理着一家企业，还要把其他所有人的需求都放在首位时，你的人生就没有终点可言了。虽然我热爱自己的生活，爱我的孩子和我的丈夫，但是我快忙晕了。我开始心律失常，还有几次我明显感到我可能会昏过去，这两种情况以前都没有

发生过。是的，从没发生过。

我曾是一名甲级运动员，在威斯康星大学麦迪逊分校当过赛艇手。所以，作为一名大学校队运动员，除了学到重要的人生经验之外，我也知道快要昏倒的时候是什么感觉。我知道那种痛苦是多么强烈，以至于会扰乱我的思维，我所知道的所有生存逻辑都在告诉我放弃。试试以这样的状态划船：使出最大的力量不间断地划，甚至你的眼睛也会受到这种行为的影响，你的视野里只剩下赛道。你会觉得自己马上就不行了。你很确定你绝对不可能到达终点线，不可能在室内划船机上划完6公里，但你还是做到了。

真忍不住想对着天空大喊："我可是一名前战斗机飞行员，天哪！"

没人有时间崩溃。我觉得也没人愿意听我说我有多累、压力有多大，或者我是多么寂寞、孤独和疲惫，尤其是当我的朋友和家人分散在美国各地的时候。这些都是现实问题，而我的问题是全世界第一难题。有工作等着我去做。我能搞定！直到我搞不定了为止。

有些人对焦虑和压力的反应要比其他人好。我发现，独自包揽一切，不寻求任何帮助并保持全负荷运转，仿佛一切都"操作正常"，并试图把所有的工作都做完，这样是行不通的。最后，我不得不连续30天、每天24小时戴着一个动态心电监护仪，全天记录我的心跳和心率。医生发现，在特定的压力点，比如午睡时、看房时、孩

第 1 章
确定控制范围，避免任务过载

子们同时出门并坐进车里时，以及晚上睡觉时，我的心率会达到每分钟 170 次。

晚上睡觉时！等等，什么？这应该是一天中最轻松、最幸福的时刻之一，不是吗？这就像我在跑一场马拉松，最终却没有得到任何好处！我喜欢当妈妈的感觉，我对此并没有感到有压力！这一切都说不通。

我的问题不仅仅是时间管理的问题。我没时间制作简洁的彩色电子表格来帮我处理所有的事情。没有哪个生活大师会告诉我"挤出一些'自我时间'"来解决这个问题，我知道有些妈妈和有工作的父母对"自我时间"这个概念嗤之以鼻。这种情况很要命，必须做出一些改变才行，不然我将无法养活这 4 个孩子。

想到曾经的我竟然能够在各种紧张、高风险的情况下驾驶一架精密的军事战斗机，我感到非常不可思议！我接受过多年训练，知道如何克服巨大的压力，如何应对任务过载的情况。

我患上了应激性心肌病，这种病又称心碎综合征，它可能会由诸如心爱的人离世之类的压力事件引起，也可能由无休止的压力和极度的疲惫引发。

与此同时，我开始出现令人难以承受的躯体症状。我有一个要

好的朋友，是我在飞行学校时的同学，也是一名海军陆战队飞行员，他在进行F/A-18大黄蜂战斗机飞行训练时丧生。可悲而又有讽刺意味的是，他失事的原因可能就是由于任务过载而丧失了态势感知[①]。

在作为海军飞行员所进行的早期训练中，我们听到过这样一句话："速度就是生命。"作为战斗机飞行员，我们不断进行批判性思考、集中注意力、在音速飞行的状态下做出各种决定、管控风险、保持安全意识和战备状态、保持"人永远领先于飞机""人永远领先于功率曲线"等方面的训练。而现在，很明显，我落后了。

我迷失了方向。我一直在尝试着包揽所有事情，而不是只挑最重要的事情做。现在看来，这种想法很可笑，因为没有谁能一个人把所有事情做完。

之所以包揽一切是因为我感觉所有事情都很重要。我的意思是，给孩子们读书、陪他们吃饭、给他们换衣服、哄他们睡觉、送他们去上学很重要，而完成工作、和家人保持联系、卖掉房子显然也同样重要。

[①] "态势感知"（Situational Awareness）是20世纪80年代美国空军提出的一个概念，覆盖感知（感觉）、理解和预测三个层次，是一种基于环境的、动态的、从整体洞悉安全风险的能力。——译者注

第 1 章
确定控制范围，避免任务过载

我能搞定。我能处理好这一切。

唉，但我确实是超负荷了。我就像踩在一个仓鼠转轮上一样，不停地追求把每件事都做得完美无缺。认为自己必须"完美地"做完所有的事情，会导致压力越来越大。过去让我走上成功之路的那些事情，现如今我依然在做，但我没有做的一件事是：对那些不太重要的事情说"不"。

我陷入了一个几乎致命的陷阱：我觉得自己可以有效地同时处理多项任务，可以在睡眠不足的情况下持续工作。事实上，我的任务切换得太多了，已经超出了我的体能极限。

> SPAN OF CONTROL
>
> **认为自己必须"完美地"做完所有的事情，会导致压力越来越大。**

我没有把精力放在最重要的事情上，没有对那些"当下"不太重要的事情说"不"。我没有制订每天的工作计划，也没有为了确保飞行成功而制订相应的飞行计划。我没有列出一个简洁的清单来记录所有必须做的事，当然也没有去沟通、委托别人或寻求帮助。我的处境对我来说是一场可怕的风暴。你的处境可能也是如此。

我是怎么回到正轨的？

答案是，我把想法转化为行动。

绝对掌控
SPAN OF CONTROL

SPAN OF CONTROL　　重新审视控制范围

- 每天确定 3 件必须完成的重要事情。
- 把为确保成功而制订的"飞行计划"写下来。套用简洁明了的清单模板，开始削减任务，对那些不能帮助我完成最重要工作的事情说"不"。
- 开始与别人进行沟通，找人帮忙。

当我开始找人帮我洗衣服、找保姆帮我带孩子去看医生后，我就不用在工作的时候因为 4 个孩子分身乏术。有一次，在孩子们该参加一项学校组织的无关痛痒的活动的时候，两个孩子还在睡觉，我就让他俩继续睡了。为什么呢？因为这样对我和孩子们都更好，绝对值得。

我不是说只要按照上面的方法去做，所有的事情都会一下子拨云见日，因为日常生活中仍然有很多工作要做。我不是要让你陷入一场比赛。就像有人会说："哦，你认为这很难吗？那我得说……"我想和你分享的是：每个人都在奋斗，并且总会找到一条前进的路。

为什么说这一点很重要？因为现如今我们真的正在把自己逼入绝境。根据美国心脏协会的统计，心血管疾病和心脏健康仍然是人们最大的健康威胁——每年的死亡人口中，有 1/4 的男性和 1/5 的女性死

第 1 章
确定控制范围，避免任务过载

于心血管疾病。这影响到了我们所有人，并会带来毁灭性的后果。

你如何才能找到前进的道路？思考下面这几个问题，可能会对你有所帮助。

SPAN OF CONTROL

绝对掌控指南

- 当下你应该关注的最重要的 3 件事是什么？
- 回顾一天中所做的事情，哪些在你的控制范围之内？把它们一一列出来。
- 如果你要抽出时间和精力去做对你来说最重要的事情，有没有其他事情需要你说"不"？

SPAN OF CONTROL

第 2 章
确定事项优先顺序，拒绝多任务处理

了解大脑的局限性是优化我们的心智能力，真正实现我们的承诺、目标和梦想的唯一途径。

Understanding the limitations is the only way we can optimize our mental faculties and actually accomplish our goals, dreams, and commitments.

第 2 章
确定事项优先顺序，拒绝多任务处理

我们当中的大多数人认为自己在同时处理多项任务方面是一把好手，尤其是 A 型血的人，他们的简历中可能有诸如此类的描述。

在这个充满干扰的时代，多任务处理似乎是一项值得拥有并且非常有用的超能力。然而遗憾的是，事实并非如此，多任务处理只是一个神话，或者正如美国密歇根大学的沙莱娜·斯尔纳（Shalena Srna）所说的那样，这是一种错误的认识。她说："多任务处理通常是一个感知问题，甚至可以被认为是一种错觉。"有时候我们觉得自己是在同时处理多项任务，实际上只是在两个或多个任务之间快速、连续地切换而已，我们实际上是在进行任务切换。这种任务切换通常没有什么规律，也没什么理由。我们整天忙忙碌碌地做着那些我们觉得最紧迫或最不费力的事情，在这个过程中还经常出现各类干扰让人分心。

例如，也许你应该专心写那篇需要完成的文章（这件事是在你的控制范围之内的），然而你却着魔般地不停刷新邮箱，确认杂志编辑

绝对掌控
SPAN OF CONTROL

是否喜欢你的投稿，或者不停地查看社交软件，看你在上面发的卡布奇诺照片是否得到了很多人的点赞（这两件事都不在你的控制范围内），或者参加视频会议时，你却在低头浏览收到的短信……

或许你也能在两三件确实很重要的事情之间进行任务切换，但不可避免的是，如果你没有优先考虑哪项工作最重要，你将会体验到任务切换所带来的巨大代价。这不仅仅会浪费时间或降低工作效率；对你或你的队友、乘客或病人的心理健康、身体安全来说，任务切换也可能会是非常危险的。

> **SPAN OF CONTROL**
> 如果你没有优先考虑哪项工作最重要，你将会体验到任务切换所带来的巨大代价。

在多个任务之间来回切换，每一次切换过程不仅会消耗时间，还会降低办事的速度，甚至会在之后的半小时内扰乱你的思维进程。换句话说，你在做一件极其重要的事情的过程中，抽出30秒来发一条短信，你浪费掉的可不止30秒，而是30分30秒。此类干扰在影响工作效率的同时，还会对情绪产生负面影响。

加州大学欧文分校的格洛丽亚·马克（Gloria Mark）做过几项关于任务切换、分心和干扰的研究，包括对使用电子邮件、工作效率和压力的综合研究。马克在《纽约时报》上写道："我们的研究表明，注意力分散会导致压力变大、情绪变糟和工作效率下降。"

第 2 章
确定事项优先顺序，拒绝多任务处理

在马克的另一项研究中，研究人员被派往几家科技公司和金融公司，对那里的员工进行为期三天半的跟踪观察。研究人员记录了每个员工的活动，并将每项任务的工作时间精确到秒。他们发现，人们平均每 3 分 5 秒就要切换一次活动。你猜这是什么时候的事？这是在 2004 年。

这一发现对我来说并不奇怪。我有过这种体验。洗澡的时候，在水变热之前如果没有哪个孩子大喊着"妈妈"来找我，我就算够幸运的了。对我来说，想不受打扰地单独待上 5 分钟，思考实施某项战略、改变某种文化，或是继续完成任务，这些听起来都很奢侈。当我逐渐忽略过去飞行训练中让我成功的关键因素时，我也付出了代价。我并非有意这么做，它是在悄无声息、潜移默化的情况下发生的。

2016 年，马克重复了同样的研究，发现每项工作任务的平均用时被缩短为 40 秒！想想你那份朝九晚五的工作，也就是说一天要切换 720 次！如果知道要花半个小时才能把注意力重新调整过来，你就不会奇怪自己为什么总是疲惫不堪。实际上，我们一直是在和自己作对！

是的，当我们陷入自我制造的干扰时，我们就是在和自己作对。例如，在完成一项任务的过程中，如果你切换到 Facebook 上去查看上面的信息，这就是一种自我制造的干扰，而与路过的同事讨论项目内容则不属于自我制造的干扰。不管干扰的来源是什么，结果都是一

样的：本质上，我们像是在用我们的认知能量打球，来来回回地截击它们。与有弹性的球不同，我们的大脑需要更多的时间来转换注意力的方向。

快速地进行任务切换不仅浪费时间，还让我们损失了一些非常棒的想法。如此频繁地转移注意力，我们就没有时间深入地思考、仔细地反思，或创造性地去解决问题。任务切换也会导致智商下降，产生的影响就跟你一夜没睡差不多。

从本质上说，任务切换会让我们健忘、变笨、承受更大压力。

这或许可以解释为什么我们觉得一天比一天忙，却仍然一事无成。当我们切换任务时，我们的注意力就会分散。我们在分散注意力时，实际上也分散了自己的力量。女士们，不要相信女性比男性更善于切换任务的相关谬论！流行说法确实如此，但它已经被彻底揭穿了。切换任务时，我们会有如下表现：

> SPAN OF CONTROL
>
> **我们在分散注意力时，实际上也分散了自己的力量。**

- 恢复以前的坏习惯。我们的内心都有过这样的愧疚感：表面上是在用笔记本电脑或手机开会，内心却并不太关注会议进展。我们会这样想："比尔将会花一个小时来讲这个会议 PPT，我还不如趁此机会看看电子邮件。"这似乎是

第 2 章
确定事项优先顺序，拒绝多任务处理

一个合理的决定，但在做这个决定的时候，你就选择了分散注意力，走一条阻力最小的道路。你如果这么做了，就会有一大堆坏习惯在等着诱惑你。在回了几封邮件之后，你可能会想，为什么不看看股市或社交网站呢？

- 承受力会减弱。如果你一边为你所在行业的一家主流商务杂志写一篇稿子，一边在办公软件上花半小时与你的老板谈其他的事情，你的精力很快就会耗尽。写文章的时候，你肯定会卡住；写不下去了，你很可能会沮丧地甩甩手，把它推到明天，或者就此搁笔不写了。

- 错过重要的时刻。任务切换也让我们无法投入地生活。你看到在孩子们参加足球、橄榄球或长曲棍球比赛时站在场边的那些家长了吗？他们一边寻找着进球的人，一边把95%的时间都用在低头看手机上。你觉得20年后他们回忆起来，还会记得他们收到的那些邮件的内容吗？

- 容易犯错误。尝试同时做多件事是一种确保把所有事情都搞砸的好办法。有时我们犯的一些错误非常小，只会造成很小的危害，比如电子邮件中的一个拼写错误，但其他的一些错误则会产生严重的后果。

- 削弱我们的记忆力。频繁的任务切换，例如在做电子表格、听播客、每隔几分钟查看一下社交平台或新闻之间做任务切换，与工作记忆和持续注意力等表现不佳密切相关。你们中有多少人花3分钟在网上费劲地读了一小段文章，最后却发现自己无法真正理解读到的内容？

绝对掌控
SPAN OF CONTROL

当你开始体验到多任务切换的压力时，试试下面这个方法。

SPAN OF CONTROL　　时间侵入

通常情况下，当我们开始恐慌时，我们会感到时间被压缩，像失控一般飞速流逝，这可能会导致我们做出糟糕的决定。

"时间侵入"是一个航空术语，通常在飞行中突然遇到危机或紧急情况时使用。这种情况下，我们会人为地按下驾驶舱中时钟上的计时器，这样就能对实际经历的时间有一个真实的测量。

我们会下意识地放慢速度，以维持一个稳定、安全、可操作的环境。

时间侵入对飞行员有两个好处：首先，它给我们提供了一种应对危机的自动生理反应，即便肾上腺素飙升，它也能让我们重新获得控制感；其次，它能触发我们记忆中的清单或行动步骤。

时间侵入给了我们评估形势的时间，可以帮助我们控制"战斗、逃跑或冻结"反应。它能让我们的大脑跟上眼前的形势。

时间侵入不只是战斗机飞行员的专利。当你遭遇突如其来的状况时，它也是一种行之有效的方法，可以让你放慢节

第 2 章
确定事项优先顺序，拒绝多任务处理

奏，评估情况，不会让新的混乱状态影响你。遇到危机的时候，关注时间，甚至尽可能地在数小时乃至数天内放慢进度，可以帮助你和你所在的组织保持一个更现实的视角，让你们能够保持冷静、保持耐受力，并抑制住内心的恐惧。

如果你有一个紧急情况清单，现在就看看清单上的内容；如果没有，现在就列举出紧急情况。不要慌。问问自己你的团队当下最重要、最紧迫的任务是什么，然后把所有人都集中到一个房间里，协商确定问题的范围，并收集尽可能多的信息。在这个过程中要观察、倾听、提问。

下次当你遇到危机的时候，第一步要做的就是运用"时间侵入"这一方法。

任务切换和任务过载是成功执行目标的头号杀手。事实上，美国国家公务航空协会（National Business Aviation Association）将任务过载列为公务航空安全的十大威胁之一，因为这一现象导致了许多事故的发生。

下面是其中的一个案例。据报道，4 架空军 F-16 战斗机在跑道上滑行时，有一架与另一架发生了追尾。第一架的飞行员把飞机停在滑行道上，对飞机雷达做例行检查。第二架和第三架飞机在第一架的身后停了下来。第四架飞机的飞行员正在忙着进行飞机系统检查，没有发现前面的飞机已经停了下来。最后这架肇事飞机遭受的损失总计

绝对掌控
SPAN OF CONTROL

超过200万美元，被它追尾的第三架飞机损失近60万美元。调查发现，事故原因是在任务切换过程中，任务优先级出现了问题。

即便是训练有素的专业人士也会犯错。当跑道上还停着飞机时，空中交通管制员却下令准许另一架飞机降落；手术结束时，外科医生把医疗器械留在了患者体内；维修人员在轮班时忘记把关键的安全信息告诉下一班的值班人员，导致石油钻井平台发生爆炸，就像1988年的派珀-阿尔法（Piper Alpha）石油钻井平台[1]的灾难那样。在日常生活中，我们也会犯错，这可能会让我们损失惨重，也可能不会。也许你在同时处理几封邮件的时候，不小心搞错客户的名字；或者在发送一封时间紧迫的邮件时，忘记附上一份重要的文件。有人在边开车边发短信时没有做到有效地切换任务，结果撞上了前面的车。想想一周内你会听到或看到多少次这样的小型车祸。

如果我们能以一种专心致志的方式工作，那么很多错误都是可以避免的。当我们在切换任务时，我们并没有真正全身心地投入任何事情当中。

> **SPAN OF CONTROL**
> 如果我们能以一种专心致志的方式工作，那么很多错误都是可以避免的。

---

[1] 1988年7月6日，英国派珀-阿尔法石油钻井平台发生爆炸，造成167人死亡。这次事故是迄今为止最惨重的海上油气平台事故。——译者注

第 2 章
确定事项优先顺序，拒绝多任务处理

有意识地关注重点任务

任务过载是破坏稳定发挥的最快方式。一旦我们认识到它是一种威胁，并理解为什么我们有可能成为它的牺牲品，我们就可以采取必要的措施来减轻它的破坏力了。

SPAN OF CONTROL

任务过载是破坏稳定发挥的最快方式。

错误的任务优先级在低空环境中引发过无数事故，因此，在海军航空训练中，尤其是在棘手和冒险的飞行中，你首先要学会运用的就是"水桶"。

"水桶"是海军低空感知训练中的一种工具，用于描述飞行员"在低空环境中信息输入和后续行动"的有限能力。换句话说，它是一个可视化的图例说明，在你承受最大压力、即将不堪重负的时候，它可以帮你确定大脑能完成的唯一可以接受的任务是哪一项。

如图 2-1 所示，"水桶"中的任务可以分为两类：地形清理任务和使命任务。使命任务又可再细分为重要任务和非重要任务。

地形清理任务包括你调动所有脑力和体力，以避免飞行过程中你最想避免的事：撞到地面。由此你可以猜到下面这些事项处于更高的

优先级，比如飞机控制、矢量控制、高度控制和时间控制。

使命任务包括完成任务所需的，除了地形清理任务以外的所有剩余活动。与地形清理任务相比，它处于较低的优先级。其中重要任务是需要立即关注的，而非重要任务只需要次级关注。

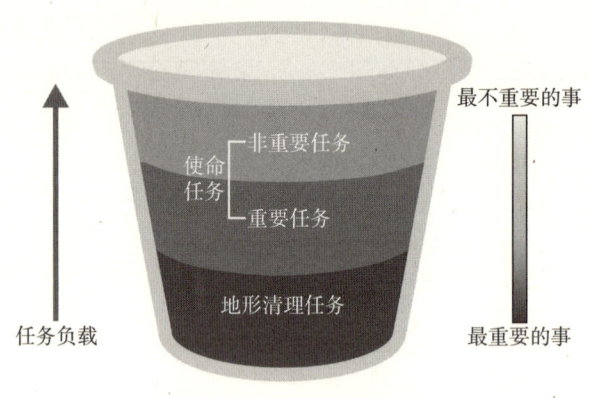

图 2-1 "水桶"中的任务

首先，把处于第一优先级的任务装入其中。然后，不管这个水桶剩下多少空间，你都可以先把重要任务装进去，再填入非重要任务。记住，你的首要工作，就是最重要的工作，即"先放进去的工作直到最后才能放弃"。

花点时间找出你应该关注的最重要的工作，即那些如果你不做，

第 2 章
确定事项优先顺序，拒绝多任务处理

就会"撞到地面"的工作。请记得顺序是：地形清理任务，重要任务，非重要任务。

图 2–1 中的水桶清楚地告诉我们该如何识别何时会出现任务过载，以及什么任务该优先排在前面。随着任务负载的增加，我们需要能够将不太重要的项目进行削减。不要试图同时做所有事情，不要进行任务切换，不要把精力放在不重要的事情上。

> SPAN OF CONTROL
>
> 不要试图同时做所有事情，不要进行任务切换，不要把精力放在不重要的事情上。

我们怎样才能知道或意识到自己或队友负荷过重？在航空领域，任务过载会通过心理和生理压力的迹象表现出来，常见形式有以下几种：

- 瞬间的犹豫不决或困惑；
- 驾驶舱内的无用动作；
- 遗漏任务和检查；
- 基本空中操作不稳定或不一致；
- 语言反应丧失、迟滞或不标准；
- 整体态势感知丧失。

机组人员需要知道这些迹象，以便有一个参考框架来识别驾驶舱

绝对掌控
SPAN OF CONTROL

内的任务过载和错误的优先级，这一点再怎么强调都不为过。

有了经验，你会更轻松地做好以下几点：识别任务过载，事先做好预防，通过有意识地关注你的重点目标来做好应对计划，削减任务，重点关注控制范围内的事务。

你要利用"水桶"来培养自己有意识地关注重点任务的技能。

SPAN OF CONTROL　　　　水桶

"水桶"是一个有效的优先级排序工具。想想目前对你来说最重要的是什么，比如财务或健身方面的目标。细想一下为了达到目标，成功链上每项任务的轻重缓急（如图2-2所示）。

1. 最重要的 = 第一批放进去。
2. 次重要的 = 第二批放进去。
3. 做也行、不做也可以的 = 第三批放进去。

填写下面的"水桶"，并记录每个类别中的任务类型。

第 2 章
确定事项优先顺序，拒绝多任务处理

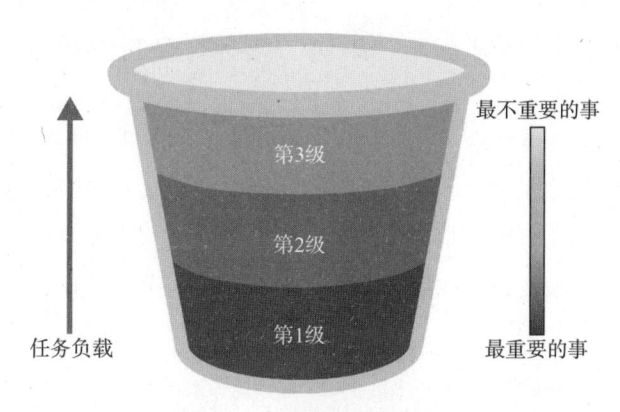

图 2-2 为待办事项分优先级

第 1 级：_____
_____
_____

第 2 级：_____
_____
_____

第 3 级：_____
_____
_____

绝对掌控
SPAN OF CONTROL

利用"组块"整合复杂的任务

在后疫情时代,我们当中有很多人试图让生活继续向前,摸索着如何在家处理工作,如何领导我们的团队,如何拯救、维持和发展业务。我们面临的挑战是形势已经发生了巨大变化,而且还在持续不断地变化。数据和信息正迅速向我们袭来,我们需要整理和保留最重要的部分,并鼓足勇气、坚韧不拔、坚持不懈、持之以恒地向前迈进。

进入飞行学校的第一天,我们发现每张课桌上都摆着一摞超过1.5英尺高的书和手册。我们被告知要在6周的时间里把书里的内容从里到外全部弄懂,否则就会被淘汰,也就无法通过这项培训课程。如果做不到这些,那就说明这个职业不适合我们。

和在医学院学习类似,在飞行学校里,你必须在很短的时间内学习、记忆、背诵和理解大量关键信息。此外,你不仅要在安全的地面环境和苛刻的飞行教官的压力下完成这一切,还要在对身体条件要求极高的飞行条件下,能够回忆、推理并继续做出正确的决定。

我们使用各种助记法,包括首字母缩写、押韵、抽认卡、用玩杂耍的方式重复信息模块、边跑边喋喋不休地念清单、在厨房或客厅用椅子当飞机练习飞行等。这些助记法帮助我们把所有的信息组合成可记忆的、可操作的片段,这样我们就能快速、轻松地回忆起来。

第 2 章
确定事项优先顺序，拒绝多任务处理

这里的挑战在于，你必须做到边飞行边思考。你可能会对这个说法嗤之以鼻，觉得这与边开车边思考没有多大区别，都不是什么困难的事。但是，你去问一问任何一名军事航空教官，他都会告诉你，很多超级聪明的航空航天工程师或火箭科学家都无法在同一时间做到思考、飞行和无线电通话三者兼顾。

事实上，我哥哥，一名退役军队飞行员，曾经有一个学生就发生过一次事故。这个学生是一名航空航天工程师，我哥哥认为他很聪明、风趣而又随和。换句话说，这个学生似乎是一个完美的飞行伙伴。在一次训练超动力部分的飞行演习中，驾驶舱内的情况突然失控，这个学生驾驶的飞机开始飘移。作为教官，我哥哥不停地喊着这个学生的名字并大吼："你有控制装置，你有控制装置！"但没有任何回应，几秒钟后，那个学生突然举起戴着手套的双手直指舱顶，喊了一声："我是蝙蝠侠……"是的，这次飞行结束了，同时也终结了又一名有抱负的海军飞行员的职业生涯。

即使是我们当中最聪明的那些人，也常会被海量的数据或信息搞得应接不暇。也许在我们的内心深处，有个声音一直在说："我是蝙蝠侠……"

因此，我们需要有一种方法可以厘清复杂的事物，然后将其组合成微小而具体的片段。这样一来，无论是在顺境还是逆境中，我们都既可以保留这些信息数据，同时又能够专注于我们控制范围内的事。

绝对掌控
SPAN OF CONTROL

这就是我们要说的"7±2"的价值所在。

早在1956年，普林斯顿大学的认知心理学家乔治·米勒（George Miller）发表了一篇论文，这篇论文后来成为该领域最广为人知的文章之一。他提出了米勒定律。该定律指出，在任何给定的时间内，普通人只能记住7个短期记忆项目。米勒定律进一步说明了"水桶"告诉我们的东西：人的大脑在同一时间内所能容纳和处理的事情是有限的。你越是逾越这些限制，就越有可能崩溃到一败涂地。

> **SPAN OF CONTROL**
>
> **你越是逾越大脑的限制，就越有可能崩溃到一败涂地。**

米勒发现，无论主题是什么，人们只能记住大约7条新信息，"上下浮动2条"，也就是5~9条新信息。在米勒的研究中，无论是音符、字母、单词还是数字，当参与者有2~3个选项时，他们的表现还可以。但当选项的数量超过6个时，他们就会开始出现混乱。不管测试内容是什么，人们能准确处理的范围基本上都是在7±2个。

然而，米勒的"组块"概念鲜为人知。这个概念指的是，你能够回忆起7位数或7个字母，你也可以记起7组数字、7个单词甚至7个短语。如果你将信息组合成熟悉的组块单位，你就可以将这些单位作为独立的项来记忆。

想想我们在说11位的电话号码时的节奏。我们通常倾向于将这

第 2 章
确定事项优先顺序，拒绝多任务处理

些数字用连字符分为更小的数字组，如 141-2555-1240，就是 3、4、4 结构。或者假设给你一串字母：b、u、s、l、a、s、t、c、a、l、l、s、e、e。这些独立字符的数量比米勒说的你能记住的要多得多。但是，如果你把它记为 bus、last、call、see，你就能记住 4 个单词以及每个单词里的单个字母。最新的研究将能记住的数量的范围降低得更多，限度在 3 个或 4 个。现代研究人员认为，如果不进行组块记忆，我们的工作记忆实际上一次只能记住 3 件或 4 件事情。

这让我想起了前面提到的"目标，列队，攻角"。在雄猫战斗机的驾驶舱里，我能够快速切换任务，从目标到列队再到攻角，因为我接受过专门的训练，知道如何平衡这 3 个交织在一起的、能够确保成功着陆的关键点，每一个点都包含了组合到一起的技能和具体的任务。即使在我们概念目标的"水桶"里，也包含着具有不同优先级的独立任务。我为此建立了一个心智模型。

然而，如果说所有的任务切换都是糟糕的，那也未免太简单化了。的确，有时候你必须进行任务切换。当你同时做两项任务时，进行任务切换不会有太大的影响，因为只有其中一项任务需要大脑发挥更高的功能。比如，如果你一边叠衣服或洗碗，一边听有声读物或播客，这样做一点问题也没有。你的大脑基本上可以在自动决策的状态下完成这些任务。

当我们草率地进行任务切换时，问题就来了。因为我们没有弄清

绝对掌控
SPAN OF CONTROL

楚哪件事是最重要的，也没有列出那些在我们控制范围内确定性最强的事项。归根到底一句话：我们的大脑是有极限的。了解大脑的局限性是优化我们的心智能力，真正实现我们的承诺目标和梦想的唯一途径。

当我们的日程安排、待办事项清单和"水桶"都被安排得满满当当的时候，通过了解大脑的运作机制，我们可以果断地采取有效措施向自己的目标靠拢，但在这个过程中很可能会迷失方向。现在是时候收回我们对事项的控制权了：专注于我们真正想要的东西，抛弃那些不必要的东西，抛弃那些让我们逆来顺受而不是主动作为的生活模式。

SPAN OF CONTROL

绝对掌控指南

- 经常出现并让你分心的事情是什么？把它们列出来，让自己对它们有更清晰的认识。
- 本周你需要完成的最重要的事情是什么？把它们写下来。试着根据米勒定律把它们分成 3~4 类，然后每天只专注于这 3~4 类任务即可。如果你偶尔能够多做一些，那也非常好！但如果你只能应付这些，也无须自责，事实上，你能做完这些就值得庆祝一番了！
- 你的禁忌清单上有什么？写下一些你不想再做的事情。

SPAN OF CONTROL

第 3 章

确定注意力集中在控制范围内,对抗压力

知道哪些事在我们的控制范围内，可以帮助我们渡过危急时刻。

Knowing what is within our Span of Control to get us through these dangerous situations.

第3章
确定注意力集中在控制范围内，对抗压力

作为一名战斗机飞行员，我一直与焦虑和压力为伴。大学毕业后，我在佛罗里达州彭萨科拉海军航空站的 AOCS 开始了训练生涯，这所学校被亲切地称为"高压锅"。

AOCS 于 1936 年开始培训预备军官，首次登月的尼尔·阿姆斯特朗和巴兹·奥尔德林，还有约翰·麦凯恩这样的传奇人物都曾在此受训。那些进入 AOCS 的学生，即便成功毕业并得以授衔，最终也只有少数人能够获得宝贵的海军飞行员金色徽章，能成为航母战斗机飞行员的则更是少之又少。

我们知道必须争取这样的机会，每一天都在争取。美国海军陆战队教官则要通过训练决定谁能被选中，谁将被淘汰。实际上，在佛罗里达州炙热的阳光下的每一天、每一分钟，教官们都在试图击垮我们的身心。教官们的任务很艰巨。他们必须接受普通大学的毕业生，并把海军学院或预备役军官训练营为期 4 年的训练课程压缩为 16 周的

绝对掌控
SPAN OF CONTROL

培训计划，力求培养出具有指挥能力并能在军事航空领域取得成功的军官。

AOCS 的训练包括 4 个基本的挑战领域：学业、军事、体能和游泳。我们学习了海军组织架构、作战方式和相关法律，美国的海上军事力量、航海技术、海军领导能力、机械工程、空气动力学、航行规划、航空生理学、陆地和海洋的生存技能以及其他更多的课程，最重要的是，还要进行大量的体能训练。这并不是一件轻松的事情，我们被反复告知该校惊人的淘汰率：大约有 50% 的人无法通过训练考核。在这里训练的基本要点是：他们先找到我们的压力点，然后在这些点上施加尽可能多的压力。他们要确定哪些人无法克服身体和精神上的双重压力，同时必须确定哪些人有毅力坚持自己的目标而哪些人做不到，无论这个目标是什么。

美国海军陆战队的教官习惯于让学员明白关注细节的重要性。作为学生，如果你在上课、跑步或水上求生时没有把步枪的保险栓给上好，那你只有祈求上帝保佑了。你很有可能会发现你和室友的所有物品都被丢在 AOCS 营部大楼下的草坪上。如果让教官发现你的步枪上有一点锈迹、一根绒毛或一个线头，情况会更糟糕，尽管你根本都不知道这些锈迹和绒毛的存在。

但是，这种严格无情的训练，为我们未来道路上的目标定下了基调，那是一种比保管一件旧武器更重要的责任感。想要在这里生存下

第 3 章
确定注意力集中在控制范围内，对抗压力

来，你必须对细节一丝不苟，在极其困难的环境下更要如此。

我们要做的事情大部分都没有什么吸引力和活力。这些训练是一项艰难而危险的工作，它既需要动力也需要纪律，以便跳过心中"只有喜欢的事才会去做"的那道坎。

这是为了应对未来可能遇到的各种事情所进行的最佳训练。所有项目都是为了训练学员的本能和纪律，使他们能够专注于重要的事情，能够在极端情况下关注细节，学会依靠团队合作，相互信任，相互支持。不管你的级别、头衔或职位如何，你都必须始终以身作则，还要承受各种混乱和不确定性带来的打击，即你需要保持灵活机动、随机应变，在教官设计的任何训练场景中胜出。无论你是在头发着火的情况下以 2 马赫①的速度飞行，还是在深夜驾着直升机穿越没有月光映照的山区，都要确保做到这一点。实际上，我们的训练是通过聚焦我们个人和集体的压力点，来测试我们避免崩溃的能力。

与各行各业的高管和经理们一起探讨时，我经常听他们说起自己或团队成员的事。他们常常因为极度的压力而感觉自己处在崩溃的边缘，摇摇欲坠，更常见的说法是"精疲力竭"。我也经常听许多客户

---

① 马赫，物理单位，是速度与音速的比值。由于声音在空气中的传播速度随不同的条件而不同，因此马赫也只是一个相对单位，每一马赫的具体速度并不固定。在 1 个标准大气压和 15℃的条件下，空气中的音速为 340 米／秒，此时 1 马赫即为 340 米／秒。——译者注

和公司宣称他们的目标就是消除精神压力。事实上，虽然我知道人们需要避开极度的压力所带来的精疲力竭，但我还是认为，我们的目标不应该是消除所有的压力，而是掌握化解压力的方法。只要你想努力得到更多，只要你想挑战极限，压力就一直会存在。而且即使你不做这些事，压力也会在那里！

> SPAN OF CONTROL
> 我们的目标不应该是消除所有的压力，而是掌握化解压力的方法。

在新冠疫情期间，可以肯定地说，我们的目标是尽一切可能减轻各种长期的或剧烈的压力：我们锻炼身体，食用大量水果和蔬菜，进行正念训练，积极思考，冥想，诸如此类。问题是，这些东西对很多人都不起作用，或者由于他们自己做得不够好，导致我们失去了很多像他们那样有才华的同伴。

掌握化解这些冲击的方法，学会控制你的肾上腺素，把注意力集中在你的控制范围之内，有助于帮你对抗巨大的压力。能不能做到这一点呢？是有可能的。

临床上，职业倦怠（burnout）不算是一种疾病，它被定义为一种由长期的工作环境压力引起的职业现象。职业倦怠这个词最早是由赫伯特·弗罗伊登伯格（Herbert Freudenberger）于1975年创造的，它的定义包括以下3个主要部分：

第 3 章
确定注意力集中在控制范围内，对抗压力

- 精力耗尽或有疲惫的感觉；
- 越来越不想工作，或产生一种与工作相关的消极和愤世嫉俗的感觉；
- 工作效率降低或职业成就感较低。

我们倾向于认为，职业倦怠是由劳累过度、工作时间过长造成的。但实际上，大多数职业倦怠的情况都如其定义所示的那样，并不仅仅是由于极度缺乏睡眠或承担太多任务。职业倦怠者在工作中常有以下感觉：

- 缺少支持；
- 被人低估；
- 工作上下没有衔接；
- 心理和身体上缺乏安全感。

而任何可以感知到的伤害所带来的威胁只会加剧这种感觉。

总而言之，职业倦怠可以被归结为缺少来自周围人的支持和同情。这实际上是一个领导力的问题。我们的同事、团队成员和直接下属不仅承受着压力，还要面临士气受损的问题。

我们已经在那些从事一线工作的人们身上看到了职业倦怠的症状，这些人包括医疗工作者、应急响应人员、食品杂货和供应链从业

人员、邮政工作者和军队人员等。对这些一线工作人员来说，他们希望带着同情和关爱之心从事自己的工作，只不过他们并没有相应的工具或资源来为每一个需要帮助的人服务。这会给他们带来无助和不堪重负的感觉。

还有比这更糟的吗？

当同一个团队内的成员为了有限的资源而相互竞争时，压力就会急剧上升。身为领导，这意味着你必须具备并表现出理解、支持的能力，并能够为你领导的团队成员、你的员工、你的同伴、你的邻居、你的家人，甚至你自己提供心理和身体上的安全保障。

面对压力的 4 种反应

我们都听说过人们面对难以忍受的疲惫和压力时的 3 种典型反应：

- 战斗——积极地面对让你沮丧的事情，并战胜它；
- 逃避——迅速逃离所有带来压力的事物；
- 冻结——陷入瘫痪，无法采取任何必要的行动去寻求解决方案。

第 3 章
确定注意力集中在控制范围内，对抗压力

我们还有第 4 种反应。这一点经常被人们忽视，有时还会招来非议。这个选择就是自动决策。

自动决策是一项技术，编好程序，飞行员可以在没有人为干扰的情况下操控飞机。飞行员可以输入速度和高度等指令，只要飞机油箱里还有油，自动决策仪就会执行这些设置好的命令。自动决策系统让飞行员得以解放出来，也不影响飞行员的关注点，从而排除了无数可能的人为错误。

我们之所以可以依赖人类的能力，是因为它们已经成为我们根深蒂固的习惯了。当从人类能力的角度来谈论自动决策时，我们意识到自动决策有时候可能会非常管用。在高负荷的环境中尤其如此，因为在这种环境中，你会本能地依赖你所接受过的训练，并且可以在耗费很少注意力的情况下完成相关动作。

自动决策仪是一名完美的"飞行员"。当然，如果突然飞来一群鸭子，或者雷达上显示将有一场大风暴，或者在处于自动决策状态时你因为一切正常而自鸣得意的时候，自动决策仪就不再是一名完美的"飞行员"了。

当然，自动决策仪有很多报警装置，例如报警铃和闪光灯。但在报警装置触发之初，它自己不会对触发这些铃声和灯光的原因做任何处理。如果无人响应，自动决策仪将会导致机毁人亡。

绝对掌控
SPAN OF CONTROL

　　你迟早会发现自己处于一种职业倦怠的状态，你已经竭尽全力了，感觉自己好像已经无路可走。或者你可能已经进入了自动决策状态，不需要亲临现场或者积极参与就可以搞定各种日常事务。

　　这就像你开车回家，一下车就几乎不记得路上的任何事情一样。说实话，一边开车一边在脑子里想着所有的事情是不可能的。大脑指挥着肺部呼吸、血液流动和心脏跳动，它让你看到车道，闻到开阔的路面上的气味，指挥你掌控方向盘。大脑还自动存储交通规则，同时也保持了意识流，想着"真不敢相信今天上班时发生的事……我们需要找人填补董事会的席位……天哪，我真的需要一个新吸尘器……我想我们可能应该再雇一位网络安全专家……不知道萨拉怎么样了"之类的事情。你需要同时处理很多事情，而你每天都能完成得天衣无缝。

　　事实上，我们是一种遵循习惯和常规的生物，这一点并非坏事。有时候这个特点还对我们很有帮助。科学界认为，我们每天要做大约35 000个决定，而我们的大脑不可能以同样的水平处理我们所做的每一件事。这意味着，只要在可能的情况下，你的大脑就会进入一种自动决策模式，以便节省精力，把你的意识解放出来去处理那些要求特别高或特别重要的事情。如果我们每时每刻对发生在身边的所有事情都一清二楚，那么，我们很可能会崩溃。大脑的这个自动处理功能让我们的生活变得轻松多了。

第 3 章
确定注意力集中在控制范围内，对抗压力

自动决策是一个令人难以置信的进化奇迹，但它也有可能导致严重低效且毫无成就感可言的后果。自动决策缺乏专注度和清晰度，只能处理日常琐事。这就是你感到沮丧、不堪重负、工作过度和失去控制的原因。

> **SPAN OF CONTROL**
>
> 自动决策是一个令人难以置信的进化奇迹，但它也有可能导致严重低效且毫无成就感可言的后果。

哈佛大学心理学家马修·基林斯沃斯（Matthew Killingsworth）和《哈佛幸福课》（*Stumbling on Happiness*）的作者丹尼尔·吉尔伯特（Daniel Gilbert）进行的一项研究表明，普通人醒着的时候，有 47% 的时间都在走神，实际上就是你的思维处于自动决策状态。

你没听错，47%。各位，这几乎是我们生命中清醒状态时长的一半！

当这种自动决策功能逐渐渗透到你生活中越来越多的领域，尤其是那些需要更深入思考的领域时，你就要付出代价了。它会让你觉得自己已经别无选择了。

这里需要提出的一个重要问题是：你真的是别无选择了吗？

几年前一个秋天的下午，我在飞行学校的老同学、美国海军陆战

绝对掌控
SPAN OF CONTROL

队 F/A-18 战斗机飞行员斯科特·斯莱特（Scott Slater）上校从"尼米兹"号航母上起飞，执行一项他认为是"例行公事"的任务。看到这里你应该感到毛骨悚然了，因为当一架满载各类武器的战斗机从航母上起飞后，任何事情都不是"例行公事"那么简单了。

就像以往任何一次飞行一样，这次飞行开始了。飞行前的计划和简报显示一切正常，走上飞机的一路上一切正常，起飞前对满载的飞机的检查一切正常，从航母上起飞也没有发生事故，所以一切都是"正常"的。

斯莱特和他的僚机继续执行任务，完成了各种进攻性任务和演习，一切都很顺利。转眼到了该降落的时候了。

现在，对于你们当中不熟悉飞行和航母操作的人来说，有几个特别重要的地方需要在这里强调一下。我们必须在一个非常特定的重量范围内着陆，即机身不能太重，以避免出现飞机或航母拦阻装置压力过大的情况。拦阻装置指的是横跨着陆区域铺设的拦阻索，飞机尾钩可以通过钩住拦阻索使飞机在甲板上停住。当你驾驶的飞机携带武器时，整个机身会比平时更重，所以你不能带着太多燃料着陆。这非常危险。

斯莱特和他的僚机以约 500 节的速度呼啸着从航母上空冲向停机位。那天天气晴朗，天空碧蓝，是飞机着陆的完美环境。

第 3 章
确定注意力集中在控制范围内，对抗压力

斯莱特驾驶飞机翻滚到与航母龙骨成直角的正切位置，减速至250节，随后他拉下手柄，降下起落架。就在离着陆只有几秒钟的时候，他突然发现出了问题：刚飞行不久，一个坏掉的D形环切断了液压管路，所有的液压油都泄漏到了轮舱里，之前他并不知道这个情况。当起落架门打开时，液压油立即从飞机底部飞出，进入发动机。

驾驶舱里弥漫着滚滚的灰色烟雾，一时间斯莱特被烟雾熏得什么也看不见。任何称职的飞行员之所以要对飞机上的每一个角落、每一个缝隙、每一个断路器都了然于胸，正是为了应对此类情况的发生。我们进行了无数个小时单调而严格的训练，强迫自己通过触摸来辨析飞机上每一英寸的地方。因此，即便闭着眼睛流着眼泪，斯莱特仍能快速地梳理他的记忆清单，清除驾驶舱的烟雾并回忆起我们的咒语之一："飞行、导航、沟通"，即控制住飞机、让它保持正确的方向、让其他人知道发生了什么。

每一名飞行员都依赖不懈的准备、有效的清单，才能在压力下保持冷静，保持有效的执行力和区分能力。知道哪些事在我们的控制范围内，可以帮助我们渡过危急时刻。通过核对清单，并在僚机驾驶员沃尔夫的无线电协助下，斯莱特成功地降下了主起落架，但没有降下前起落架。这对于着陆航母来说可不是好消息。

此时此刻除了航母，没有其他地方可以降落，没有其他可供选择的机场，没有长达一万英尺的着陆跑道以便轻松降落。斯莱特他们讨

绝对掌控
SPAN OF CONTROL

论了弹射逃生,以及如何设置拦阻装置。

最后他们的结论是必须安装拦阻装置。"尼米兹"号航母上的船员以最快的速度在航母甲板上架起一道看起来像网球场围网的东西。此时,斯莱特的飞机上的燃料已经减少到 300 磅①左右。

斯莱特只关注目标、列队和攻角这 3 个在他控制范围之内的事情,他知道自己只有一次机会。

任务:以完美的速度、滑行斜率和路线入网。

目标,列队,攻角。

在极端的压力下,通过专注于最重要的事情来执行应急计划,并排除其他干扰,保持清晰的沟通,他们最终成功地"用'网球场围网'拦住了战斗机"。斯莱特为此获得了航空奖章。这就是海军航空史上第一个 F/A-18 拦阻的惊人故事。

斯莱特上校在范德堡大学获得了工商管理硕士学位,后来在私人财富管理部门工作,买卖过几家公司,还在一家大型航空公司担任飞行员。当我们谈起他对那场灾难的感想时,他说:"在具有挑战性的时刻,领导力是关键。我们自身必须精通技术和战术,这需要多年的

---

① 1 磅 ≈ 0.45 千克。——编者注

第 3 章
确定注意力集中在控制范围内，对抗压力

经验积累。在风平浪静的日子里，任何人都能当船长；而遇到风暴的时候，船长的所作所为决定着整艘船、整个团队或公司的生死。"

斯莱特回答了之前的那个问题：你真的别无选择了吗？即使在危机时刻，技术、战术的精通和准备也可以帮助我们发现机会、利用机会。不要等到危机来袭时，才去考虑你或你的团队该如何应对，因为你很少能预见危机的到来。

说到底，如果我们中有一个人遇到麻烦，那么我们所有人都可能会有麻烦。我们的控制范围最终涵盖团队合作、信任和相互支持等要素。意识到并积极应对自己和他人面临的各种挑战，我们才能充满信心和真诚地应对各种变化、不确定性和复杂性。搞清楚我们自身如何应对压力，我们的队友如何应对压力，然后有意识地选择不同的应对措施，这对于成功驾驭变化的速度、带领我们自己和团队渡过充满挑战的时期来说至关重要。

> SPAN OF CONTROL
>
> 意识到并积极应对自己和他人面临的各种挑战，我们才能充满信心和真诚地应对各种变化、不确定性和复杂性。

识别精疲力竭的 4 个征兆

没有人真正计划过如何应对职业倦怠，也没有人在职业倦怠的症状出现之前花大量的心思去识别它。但也许我们应该这样做，因为我

绝对掌控
SPAN OF CONTROL

们所有人都可能陷入这种状态。

在海军训练中,通往职业倦怠的道路是由我们在第 2 章中描述的那些任务过载的迹象或心理压力的信号铺成的,这些迹象和信号包括:瞬间的犹豫不决或困惑、驾驶舱内的无用动作、遗漏任务和检查、言语反应和态势感知的丧失等。《低空训练手册》(*Low Altitude Training Manual*)指出:"机组人员需要了解这些迹象,以便有一个参考框架来识别驾驶舱内的任务过载和错误的优先级,这一点怎么强调都不为过。"

在商业领域也可以看到类似的征兆。根据我的经验,无论我是与工业团队、医院团队、企业主、高水平运动员,还是与销售人员一起工作,危险的任务超载和精疲力竭的来袭都有 4 个主要征兆,分别是:封闭、分隔、通道化、过度依赖应对机制。这些征兆对于飞行员、专业人士和每日工作的普通人来说,都是非常微妙的,很容易被忽视。

封闭

遇到极其艰难的情况时,你要选择停止工作。我们都曾经与处于这种状态的人相处过。你曾看到有的人挥舞着手臂大喊:"我受够了!我完了!"或者你看到过有的人把自己完全封闭起来,变得异常安静。

第3章
确定注意力集中在控制范围内，对抗压力

我不是一个爱大喊大叫的人，当我不堪重负时，我往往会变得更安静、更冷静，不管心里怎样狂风暴雨，外表风度依然不减。我只是想在不引起任何额外骚动的情况下处理好一切。不幸的是，对某些人来说，这看起来像是态度冷漠，或者更糟的是，他们根本看不到我内心的挣扎。这可能会导致灾难。

分隔

分隔指你关闭了大脑的某些部分的功能，试图一次只专注于一件事。然而，如果你忽视、否认或压制某些事情，就会忽视大局。你可能会漏掉某些任务，并且你的工作会变得难以预测，前后矛盾。

通道化

通道化指的是你排除了其他的一切，这就像眼睛出现了管状视野。飞行员可能会觉察不到无线电呼叫，看不到其他飞机，或者只顾着锁定目标，这种情况通常在飞行员头朝下、朝着地面目标以500节的速度俯冲时发生。他由于太全神贯注，可能会忘记自己正在驾驶飞机。由于眼睛紧盯着目标，飞行员会驾驶着飞机直直地朝目标飞过去，然后直直地撞到地面上。这被称为"安乐死"。我们有时会集中注意力紧紧盯着手头的工作，以至于忽略了可能很重要、时效性较强的来电或重复发来的短信，这常常会给我们带来危险。

过度依赖应对机制

"应对"这个词对应着所有美好的事情，但你有没有注意到，当事情分崩离析、生活变得一团糟时，我们往往会过度沉迷于那些让我们感到安慰的事物。2020年3月，新冠疫情引起了我们的广泛关注，并迅速导致全球范围的自我隔离，各类应对疫情扩散的行为急剧增加。例如，美国的电视流媒体增长了85%。当然，这可以解释为，在某种程度上，数以百万计的美国人有了更多属于自己的时间。例如，我就把《黑钱胜地》（*Ozark*）第三季看了3遍，《权力的游戏》（*Game of Thrones*）看了4遍，《谍影重重》（*The Bourne Identity*）系列电影也全都看完了。但它也表明，当混乱和不确定性来袭时，我们对应对机制的依赖大大提高。

有些人会多喝一杯葡萄酒。2020年3月，葡萄酒的销量增加了66%。另一些人沉迷于食物的慰藉，仅在3月的第一周，糕点销售量就上升了18%。还有一些人则通过没完没了地刷社交媒体来逃避。这些都无可厚非，但当面对比大规模流行病致命性稍弱的情况时，我们使用同样的机制的频率有多高呢？

记住，"应对"这个词的真正内涵包括有效地处理困难。有时候，你最喜欢的重播节目可以让你完全减压，并且在你即将不堪重负时，可以暂时分散你的注意力。在新冠疫情暴发后的前4个月，我处在无休止的视频电话会议中。这期间，我每天都会做不同种类的面包，例

第 3 章
确定注意力集中在控制范围内，对抗压力

如酵母面包、法式面包、荷兰烤面包，加促酵剂的、不加促酵剂的、发酵一夜的、快速发酵的、加迷迭香或橄榄油的、海盐的、香蕉的、南瓜的，只要你能想到的我都烤过。

但最终，我不得不把犯罪剧和烤面包放到一边。当我们试图处理焦虑和压力时，都必须注意那些可能会把我们控制范围内的事情与拖延甚至麻木混为一谈的迹象。每个人的沟通方式都不一样，关键是要了解你和你的队友、同事及家人是如何沟通的，你和他们是如何应对压力和不堪重负的。

当大脑认为你自身的力量过于渺小而无力抗争，或者你太虚弱而无力逃避，或者你面临的问题超出了你的能力时，就会出现封闭、分隔、通道化、过度依赖应对机制的征兆，甚至转为自动决策状态来缓解压力。这些都属于进化的反应。

当然，生活中有很多时候，铺天盖地的坏消息会让你无法应对，这个时候能保持头脑清醒就算不错了。活下来才是硬道理！此时此刻的关键在于，区分那些最困难的时刻、改变你人生的事件和那些仅仅是为了生存才去做的事情。你什么事都可以做，但你不能什么事都做。人不能同时做好所有事。

SPAN OF CONTROL

> 你什么事都可以做，但你不能什么事都做。

绝对掌控
SPAN OF CONTROL

留心关注自己和他人陷入困境的迹象是解决困境的第一步。当你知道为什么我们在执行过程中，尤其是在压力大的情况下容易出现错误，并且及时发现任务过载和精疲力竭的情况，你下一步的任务就是降低此类风险。缓解困境需要一个过程，它始于心态的微妙转变，并让我们朝着目标果断而有目的地行动。

SPAN OF CONTROL

绝对掌控指南

- 观察你自己、你的家人和你的团队中是否有职业倦怠的迹象。
- 在自动决策状态下所做的哪一件事情是你希望更充分地投入和表现的？
- 你是否觉得某种程度的压力对你有帮助或让你精神振奋？

第二部分

改变心态，重拾掌控力

SPAN OF CONTROL

第 4 章

学会取舍，放弃什么都必须做好的想法

在充满压力和不确定性的时候,目标感是帮助你成功的最重要因素。

A sense of purpose is the single most important factor in your success, especially during times of overwhelm and uncertainty.

第 4 章
学会取舍，放弃什么都必须做好的想法

如果油箱没油了，你该如何操控飞机？自动决策解决方案不起作用了该怎么办？当你感到筋疲力尽、没有灵感，或者只是单纯地不想做事，你会怎么办？

鉴于我是一名战斗机飞行员，你大概能猜到我要告诉你该怎么做：你要奋斗。你要为自己想要的生活而拼命奋斗；你要为目标而奋斗；你要为核心任务而奋斗。在我人生中最疲惫的那段时间，我不得不从小事开始做起。我必须先放下一些事情，并专注于最重要的事情。

各类商业提案做好后直接推出，而不是讨论来讨论去，直到它们"完美无缺"。遇到临时通知要来看房，为了保持家里整洁，我会直接把要洗的衣服塞进烘干机，或者干脆装进洗衣篮塞进汽车后备厢里，搞定。有些家校联合会会议我不再参加，尤其是那些可以通过电子邮件处理的紧急事务。抱歉了，各位家校联合会理事。但每一次公司董

绝对掌控
SPAN OF CONTROL

事会我一定到场，因为这些事绝不能错过。

在家里，我也开始精简事务。我关注的是在我的控制范围内的那些合理的事情。如果我 4 岁的女儿连续 3 天坚持在豹纹裤外面套上芭蕾舞裙该怎么办？没关系，只要她衬衫和内衣干净，想怎么穿就怎么穿吧。

我不再每次都按照其他妈妈的要求自制饼干送给老师，而是给老师们买了彩色美术纸和礼品卡。

我还是个小孩子的时候，人们告诉我说提前 15 分钟算是准点到达，如果卡着时间点到，那就算是迟到了，而迟到是不礼貌的。有时候我不得不丢掉这个观点。如果你 3 岁的孩子穿着恐龙服装，吐得满身都是，浑身湿透，把汽车安全带也搞得湿淋淋的，这时候你该怎么办？你肯定得去拿些湿巾，然后深吸一口气去处理，这时候你必然要迟到，又怎么管得了礼貌不礼貌。

为目标而奋斗的方法有很多种，它们包括如下几个方面：

- 灵活机动；
- 排除恐惧，关注事实；
- 一切随心而为；
- 直面失败。

第 4 章
学会取舍，放弃什么都必须做好的想法

这些都是对不确定性和过重负担的积极而有意义的回应。我放弃了什么都必须做好的想法。就现实情况而言，为了不犯错，我得放弃一些事情。

需要做的事情我都能够完成，做不到的事情我就会把它们放下。我接受了这样一个事实：有些事情在我的控制范围内，而有些事情不在。放弃，比什么事情都试着去做，结果却什么都做不好要强多了。这是我学到的很好的一课，也是我在继续发展事业和抚养 4 个孩子的过程中一直坚持的一课。你的人生旅程中也应该有所取舍，就像我这样。

SPAN OF CONTROL

> 放弃，比什么事情都试着去做，结果却什么都做不好要强多了。

很多人曾对我说，我需要把事业做大，"扩大规模以获得更大的影响力，应该马上就动手去做"。但我一直坚持自己明确的目标和优先事项。即使是现在，我的团队规模仍在可控的范围之内。我们每年都在接触成千上万的人，我也全力支持我的孩子。对于那些我不想去参加的约会，我会直接在日程上划掉；对于那些对家庭不利的事情，我会说"不"。这是我的选择，我很感激自己做出这样的选择。同时，我非常清楚我的目标是什么，成功是什么样子的，我也在努力地去实现它。

事情"太多"当然不是导致人们职业倦怠的唯一原因，事情"过

少"也会产生同样的后果。如果没有目
标为你加油鼓劲,你很容易在单调的生
活中出现职业倦怠。本该有意义的生活
逐渐变得淡然无味。

> 如果没有目标为你加油
> 鼓劲,你很容易在单调
> 的生活中出现职业倦怠。

确定3件事,一次1件事

目标感是解决职业倦怠的命门所在。当你积极追求你的目标时,它可以帮助你远离倦怠。目标感是你成功的最重要的因素,尤其是在充满压力和不确定性的时候。

对团队和个人来说都是如此。航母是世界上最危险的工业化工作场所之一,在这里,我们必须有清晰的愿景和目标,必须知道成功是什么样子的,必须都明白自己在实现目标的过程中所扮演的角色。设定并维持这一愿景属于领导力的问题,它赋予整个团队取得高绩效、确定并坚持其目标的能力。

就像在商业活动和工作中一样,在飞行中,我们可能无法选择队友,但我们可以专注于同一件事,并把它做好。无论你领导的是一个5人小组还是15万人的团队,作为领导者,你都必须站出来,拿出一个能够激起整个团队斗志的愿景。一个鼓舞人心的愿景能够让我们取得非凡成就。

第 4 章
学会取舍，放弃什么都必须做好的想法

SPAN OF CONTROL

确定 3 件事，一次 1 件事

确定 3 件事

每天早上，在你打开手机、笔记本电脑，或者喝第一杯咖啡或茶之前，先拿起你的便利贴和一支粗记号笔，写下你今天要集中精力做的 3 件事。

不要写 5~7 件，我不在乎你认为你自己的角色有多重要。只写 3 件事。这已经够你累的了，不要自欺欺人。

这 3 件必须是你最看重的、最能影响你的绩效的事情，而不是一长串你可以轻易划掉的事情。

把便利贴放在你最容易看到的地方，放在你的笔记本电脑、手机背面、桌面显示器、仪表板等任何一个你每天都会看 15 次、30 次、40 次的地方。

一次 1 件事

培养专注力的一个好方法是，无论你正在做什么，练习把注意力百分之百地集中到这件事上来。一次只做 1 件事，不要同时做 2 件、3 件或 4 件事，也不要在主动做一件事的时候又被动地做着另一件。

如果你正在开会，请把手机放在一边，把心放在会议上。如果你在笔记本电脑上写一篇演讲稿，请把网络断掉，这样你就不会忍不住去浏览网页了。如果你正在看一个新的电视

绝对掌控
SPAN OF CONTROL

节目，一定要认真看，不要一边看电视一边不停地刷手机。

当你通过只做一件事来训练你的专注力时，你会发现专注力会渗透到生活的方方面面。你会比以往更少地陷入任务切换的陷阱，你会更好地专注于最重要的事情。

为快乐而奋斗

无论是在职场还是私人生活中，缺乏控制感都是加重职业倦怠的最大因素之一。绝对掌控告诉我们，虽然不是所有事情都在我们的能力范围之内，但确实有一些事情是可以改变的，它们值得我们去积极追求。为快乐而奋斗是在你控制范围内的首要行动之一。

为你的快乐而奋斗意味着重新挖掘你所热爱的事物，或者找到工作、运动、爱好中曾经带给你快乐或者可能带给你快乐的某一个方面。当初你为什么要做这件事？你为什么要参与其中？有时候我们特别专注于实现一个目标，以至于一旦完成之后，我们会感到失落和空虚。这到底是什么情况？我们会被各种情感包围。这些时候，我们必须深入挖掘，去找到生命中热爱的部分，甚至提醒自己："我必须这样做。"

我们如何保持真正参与其中？在为快乐而奋斗的过程中，我们该用什么工具武装自己？

第 4 章
学会取舍，放弃什么都必须做好的想法

感恩之心

如果我没有提到感恩，这就不是一本关于领导力和自我发展的书了，不是吗？因此我还是要提感恩。从理智上来讲，你知道感恩对你有好处，并且毫无疑问，每次有人提醒你要感恩时，你都会因为没有常怀感恩之心而感到一阵内疚，也许还夹杂着些许烦恼或怨恨。这确实很难。但是科学给了感恩理论支持。有几项研究已经证实，感恩可以对抗压力、焦虑和疲惫，从而可以改善身体、情感和心理健康。

有一个过程，我们称之为"习惯化"。在这个过程中，我们的大脑会过滤掉那些每天一成不变的普通事情，不管是运转中的洗碗机，还是汽车引擎启动时发出的急促声响。虽然习惯化是对大脑神经资源的有效利用，但它会导致我们一直忽视周围许多好的东西。

这意味着我们必须积极关注值得我们感恩的事情，并把它记录下来。大量的研究表明，把我们感恩的事情写下来这一简单的行为，会产生一系列令人印象深刻的好处，如睡得好了、生病少了、幸福感强了等。在大多数此类研究中，人们被要求写下 5 件事，每件事单独写一行。这些事情可以是平凡的，如"早上醒来"；也可以是新奇刺激的，如"买了个新房子"；也可以是不受时间因素影响的，如"音乐"。

下面，请写下你今天为之感激的 5 件事。慢慢来，别着急。想想如果没有某些东西，你的生活会是什么模样；想想那些给你带来

极大快乐的事。

1. _____
2. _____
3. _____
4. _____
5. _____

终身学习

持续学习、扩大视野是保持好奇心和参与感的关键，而保持好奇心和参与感则是保持动力和成就感的关键。所以要养成持续学习的习惯。有什么学习活动被你抛到了一边？学中文？学钩针编织？阅读所有伟大的文学名著？开飞机？烘焙完美的巧克力酥？

在这里把它写下来：_____
_____
_____。

现在只做一件事，眼下你只对刚刚选择要学习的这一件事情负责。我是认真的，把本书放下一会儿，或者按下节目暂停键，做那件你选择的事情：报一门课，订一本书，安排一次会议，或者去买一些食材。开始行动吧。

第 4 章
学会取舍，放弃什么都必须做好的想法

戒掉科技瘾

记住这一点：不要被各类设备所束缚！关上社交媒体滚动的末日宣传，关上各种通知提醒。不要像巴甫洛夫的狗一样，一听到铃声就自动做出反应。这简直让人窒息。我知道我们的工作日程都很忙，亲朋好友也都仰仗我们，所以我也明白，完全做到戒掉科技瘾是不可能的。这里有几个小窍门，可以让你远离那些讨厌的干扰：

- 睡觉前一个小时不要看手机。大量研究表明，晚上使用手机或平板电脑会让你暴露在蓝光下，从而扰乱你的深度睡眠。这意味着即使你尽力多睡一会儿，睡眠质量也不会高。
- 每当你有翻看手机的冲动时，要加以注意并在心里记下此事。当你注意到自己有这种冲动时，问问自己："我翻看手机是出于习惯吗？""现在有必要看手机吗？"如果没有必要，就把手机收起来。
- 跟别人在一起的时候不要玩手机。当然，这包括你和家人出去吃饭的时候，也包括你在咖啡吧台点咖啡的时候。
- 下次去度假的时候，远离高科技。这可能需要规划一下，但我们不要忘记，在过去的 20 年里，这是一种常态。
- 不用手机的时候，不要把它拿在手里或者放在口袋里。把手机放得离你远一点，放在包里或柜台上，非必要时不要去看它。

- 把一些你通常会在网上做的事情转移到现实世界中来：和朋友一起喝咖啡，而不是来回互发短信；在当地商店买一本杂志或书，而不是在亚马逊上订购或在线阅读。

锻炼身体

一起来谈谈我们的身体。我们现在可能都知道锻炼身体的重要性，但是锻炼身体不仅仅关乎你看起来怎么样，更关乎你感觉怎么样。许多身居高位的人经常忽视照顾自己的身体健康。一些行业领导者在锻炼身体方面的表现比其他人要好一些，但仍有改进的空间。你只有在精神上和身体上都处于战斗状态，才能保证你所在的团队和组织的健康。

匹兹堡大学医学中心健康生活方式项目医学主任布鲁斯·拉宾（Bruce Rabin）博士说，提高大脑的供氧量可以迅速有效地减轻压力，而提高供氧量的最好方法是那些传统的、促进血液循环的运动。

压力研究所是一家专注于研究和缓解压力影响的教育培训公司，它指出："运动可以立即向大脑、重要器官和肌肉输送氧气，并产生安慰你大脑、身体和灵魂的内啡肽。"

有规律的有氧运动也是降低压力激素、肾上腺素和皮质醇水平的

第 4 章
学会取舍，放弃什么都必须做好的想法

最快方法。保持有规律的有氧运动会让你心情平静，提高你集中注意力的能力，并有助于对抗抑郁。如果你在紧要关头，笑也是最好的速效药！这是让氧气快速流动的经典方式。

睡眠

航母上的生活会让人筋疲力尽，因为航母上没有固定的工作时间，它一周 7 天、一天 24 小时不间断地运行。即便是在没有飞行任务的时候，我们这些飞行员仍然要做诸如维修、教育服务、培训、安全维护、操作和行政等日常工作。

有时在一天中，我们似乎没有足够的时间把所有事都做一遍。此外，战斗机飞行员还要进行战斗警戒执勤。比如，轮到我执勤的时候，在 4 小时的警戒期间，我要一直待在喷气式飞机上，把所有的启动设备都连接好，坐在座椅弹射器上，时刻准备好可以在 5 分钟内快速起飞。

总是保持紧绷状态是很耗能量的。

除了执勤，我们的任务也在不断变化。在几分钟之内，我们就会以在美国其他地方不合法的速度呼啸着低空穿越加利福尼亚沙漠，尝试避开敌机，然后在海洋中上下颠簸的航母甲板上降落。有时候我们的任务是练习投弹，还有一些任务则是磨炼我们在复杂环境下

绝对掌控
SPAN OF CONTROL

的侦察能力。在飞行操作允许的情况下，我们会尽可能地多飞，有些月份会比其他月份飞得更多一些，这是一份时忙时闲的工作。

这些任务令人兴奋，但它可能会影响睡眠。各位领导者，检查一下你下属和你自己的睡眠习惯。你无法一直控制自己的工作节奏，但也不能让自己或下属在睡眠不足的状态下持续工作。绝不能忽视高质量睡眠对你的健康、表现能力、做出正确决策的能力以及专注于重要事情的能力的整体影响。睡眠不仅仅让你在一天中有一个好的开始。缺乏睡眠对你应对各种情况及保持弹性的能力有着深远的影响。

> SPAN OF CONTROL
> 绝不能忽视高质量睡眠对你的健康、表现能力、做出正确决策的能力以及专注于重要事情的能力的整体影响。

事实证明，失眠和压力是密切相关的。

具有讽刺意味的是，这是一个循环的过程：太多的压力会导致你睡眠不好，导致出现精神和身体健康问题，如决策失误、不停地过度思考、体重增加、慢性抑郁症和高血压；这些反过来又会导致白天压力大、夜间睡眠差，进而又引起决策失误、不停地过度思考、体重增加、慢性抑郁症等问题。

在我的一生中有那么几个阶段，要是能让我睡上一晚上的好觉，丢掉一条胳膊我也愿意。这种情况不止我一个人有。根据美国国家睡

第 4 章
学会取舍，放弃什么都必须做好的想法

眠障碍研究中心（National Center on Sleep Disorders Research）的数据，有 4 000 万美国人正与某种睡眠障碍做斗争。

当你想入睡时，尽管没有百分之百确保你能睡着的技巧，但有一些传统的做法可供参考：确保你的房间黑暗、安静、温度舒适，避免在睡前进食或饮水，睡觉前轻轻松松地洗个热水澡，还有一点你应该已经知道了，那就是至少提前一个小时把手机或平板电脑等其他科技设备收起来。

同时要记住一点，如果你感到不安或被紧张的想法困扰，上床睡觉只会适得其反。如果出现这种情况，你应该从床上起来，到另一个房间去找点能让你犯困的无聊的事来做，但可不是玩手机啊！等到你困得不行了的时候，再回到床上去睡觉。

你终究无法避免生活带来的焦虑、混乱、压力和不确定性，但你可以提前做好准备，并通过有意识地选择日常活动的方式来与之斗争。

如果事情不在你的控制范围之内，你应该说"不"。如果你的"燃料"快用完了，想想办法把"油箱"加满，这样你就能战胜职业倦怠，取得胜利。

绝对掌控
SPAN OF CONTROL

SPAN OF CONTROL

绝对掌控指南

- 你的"油箱"有多满？如果感觉"油箱"空了，问问自己：你上一次睡了个好觉是什么时候？你上一次大汗淋漓地锻炼是什么时候？
- 在你的待办事项清单上，有没有什么本来应该是很开心的事，但因为你觉得这是你不得不做的事，从而变得不再有趣了？
- 你最近一次为某件小事而庆祝并从中获得乐趣是在什么时候？

SPAN OF CONTROL

第 5 章

脚踏实地,面对逆境仍然心存感激

虽然心态很难调整，但它确实是你在追求重新掌控自己的生活、事业或未来时最有力的工具。

While your mindset is one of the most difficult things to master, it is indeed the most empowering tool in your pursuit to take back control of your life, your business,or your future.

第 5 章
脚踏实地，面对逆境仍然心存感激

正如你在前言中看到的那样，对我来说，2018 年是残酷的一年，也是我为快乐而奋斗的一年。在不到一年的时间里，我失去了我的母亲、叔叔和姨妈。母亲因肺癌突然离世，直到她去世前两周才确诊，刚住院的时候还被误诊了。这是继父亲死于医疗事故之后，我和哥哥受到的又一次沉重的打击。

我和哥哥留下来处理后事。我俩在远离家人 1 600 英里的地方，在尽力控制对误诊的悲伤、愤怒和沮丧的同时，还要参加电话会议，经营业务，并与自己的孩子们保持联系。我们打起精神，整理账户，寻找密码，浏览纪念册，费力地翻阅 45 年来的照片以及父母留下来的其他所有东西。

由于我们的工作职责和行程安排，我们只有很少的时间来处理这一切。我们连崩溃的时间都没有。我们有工作要做，几乎无暇回忆往事。我们试图继续前进，但几乎压抑不住内心的痛苦。

绝对掌控
SPAN OF CONTROL

每次哥哥看到我快要完全崩溃的时候，他就一直重复一句话："不要折磨自己，不要折磨自己。"我几乎撑不下去了，我的心碎了，我累了。在3个半月的时间里，我连轴转地工作、出差和在医院陪母亲，总共只有3个晚上是在自己的床上度过的。这些都不是什么特别"不寻常"的事情。毫无疑问，还有人忍受了比我遇到的更糟糕的事情，做出了更大的牺牲。

这不是一场比惨大赛。

生活是艰难的。有时我的生活比其他人更难一些。2018年一整年，我感觉就像在一次又一次不停地往水泥墙上撞。我一直在与不确定性和心理崩溃做斗争，为了他人而奋力保持坚强，与各种烦琐程序和漏洞百出的系统抗争，抵抗悲伤，尽力恢复活力，与没完没了的挑战做斗争，为我的快乐和光明而战，并把这光明给予比我更需要它的人。

这就是我为什么说即便全是伤心事，2018年仍然是充满感恩的一年。我感谢我的家人，在我人生最黑暗的时候，当希望像水一样从我的指缝中流走的时候，他们挺身而出，一直陪伴在我的身边。感谢我的孩子们无数次跟我视频聊天。感谢朋友们的理解，因为他们知道我的沉默是一种自我保护，并非不愿意搭理他们。感谢那位空姐，在我赶去见母亲最后一面的航班上，我默默地坐在座位上泪流满面，她给了我一包餐巾纸擦眼泪，表示出了极大的同情和理解。感谢人们给我的拥抱、语音留言、电子邮件、短信和不适合上班时间浏览的段子。

第 5 章
脚踏实地，面对逆境仍然心存感激

虽然笑并不总能疗伤，但它肯定是通向希望的极好的桥梁。

我对职业生涯中这最好的一年充满感激。这一年我参加了 107 场国内和国际活动，只有一场客户活动没有参加。在这里我要向威瑞森公司（Verizon）的领导团队、工作人员和影视专业人员公开致谢。你们清楚自己扮演的角色。你们的善良、同情心和活力将被我永远铭记在心。我们一起参加了 26 场活动，你们已经成为我的家人。

我感谢演讲办公室的团队成员和演讲事务所的合作伙伴们，是他们帮我度过了这一年，我的成功有他们的一半。我对客户心存感激，他们已经成为我的朋友。他们信任我，团队情况、创业故事、面临的挑战和发展历程这些信息，他们都对我毫无保留。这一年我们取得了很多重大成就，我为我们所做的工作感到无比自豪。我也感谢心中的悲伤让我看清，明白每一天既是礼物，也是挑战；感谢我的韧性帮我承受各种压力；感谢逆境。

是的，我对逆境心存感激。

锻炼坚韧的心态克服焦虑

说实话，从历史经验来看，太阳底下几乎没有什么新鲜事，我们总会遇到不好的事情。那些所谓的大事件通常会出乎意料地降临到我

们头上，如失业、亲人离世、终身残疾、流产、经济快速下滑等。这些事情看似不知道从何而来，但其威力却不容小觑。我把这些改变命运的时刻称为"严峻考验的时刻"，因为它能决定你的性格会变得更好还是更坏。大多数人没有意识到的是，你处理"严峻考验的时刻"的方法是你能否获得长期成功的最大预测因素。

逆境会让你认识自己。你在厄运降临或被悲伤包围时的反应会决定你是生存发展，还是被环境摧毁。

坚韧的心性和持续不断的积极行动，才能帮你从困难和逆境中恢复过来。面对压力和不断变化的需求，你需要承受、恢复、适应和成长的能力。当一切都在你面前发生，当你感觉好像被流星击中时，你需要的是坚韧的心性。有一样东西一直在你的控制范围内，那就是你的心态。

> **SPAN OF CONTROL**
> 有一样东西一直在你的控制范围内，那就是你的心态。

心态就是我们人类的超能力。我们具有一种敏锐的能力，它可以重构故事，重新定义瞬间，最重要的是从中学习。虽然心态是最难掌控的事物之一，但它确实是你在追求重新掌控自己的生活、事业或未来时的最有力工具。

具有韧性的心态不仅仅对你自己有好处。理解你自己以及队友

第 5 章
脚踏实地，面对逆境仍然心存感激

对悲伤、损失、创伤和变化的反应，对于锻炼你带领他人撑过不确定性时期的能力至关重要。从历史上看，无论是商业领袖、教练还是军队领导者，都不能很好地解决职场中的悲伤、损失、创伤和变化的问题，尽管他们在这些问题上的作为对财务和绩效有着巨大的影响。

我们的朋友、同事和队友现在都有着不同程度的焦虑和压力，他们试图在疫情和不稳定的经济环境中找到出路。一些人面临着快节奏的工作，另一些人面临着严重的被孤立。

你面对压力的反应，你帮助团队克服不确定性、焦虑和无能为力的能力，你帮助他人减少寻求帮助的羞耻感的能力，以及使你的团队保持效率并专注于他们的控制范围的能力：这一切都归结于你的心态。

对我们大脑工作机制的基本理解是应对心态挑战的关键。你有没有注意到，在漫长的一天之后，当你爬上床的时候，却发现自己沉浸在所有糟糕的事情中？同事的批评比孩子对你

> SPAN OF CONTROL
>
> 对我们大脑工作机制的基本理解是应对心态挑战的关键。

的赞美更容易浮现在你的脑海里，关注失败似乎是你最自然的思维方式。即使你意识到了这个习惯，也很难改掉，尤其是当它在你一天中最安静的时刻积聚力量的时候。恶魔和消极的自我对话有着不可思议

的持久力。

事实上，这种情况有一个名称，心理学家称之为"负性偏向"，简单来说，就是负面事件对我们大脑的影响大于正面事件。负性偏向会对你的生活产生强大的影响。

心理学家约翰·卡乔波（John Cacioppo）进行了几项研究，研究人员向参与者展示正面、负面或中性的图像，同时观察他们的大脑活动。结果呢？比起正面或中性图像，大脑皮层对负面图像产生更强烈的反应。这表明，不好的消息和经历对我们的行为和态度的塑造力更强。

还有一些其他的原因让我们倾向于沉浸在消极的事物中。研究表明，坏消息更容易被人们当真。因为负面信息吸引了更多的注意力，它也可能被认为具有更强的有效性。这可能就是为什么坏消息似乎更受关注。

还有一种威胁，我称之为"我们所有人心中的悲观"。大家都听说过半杯水的例子，那些把它看作半满的人更倾向于积极的观点或者获得的心态，而那些把它看作半空的人更倾向于消极的观点或者损失的心态。

说到心态，我们倾向于相信"这就是我的天性"。但是我们有可

第 5 章
脚踏实地，面对逆境仍然心存感激

能改变自己的观点和心态吗？我们能超越对消极事物的偏好吗？我们真的有什么力量让自己不再在阴暗中转圈吗？

创造积极体验消除恐惧

人们做过大量的研究，证明了改变心态有多难。在一项测试人们从一种心态转换到另一种心态的难易程度的研究中，研究人员告诉参与者："想象一下，一种不寻常的疾病暴发了，600 条生命危在旦夕。"一组人被问到这样一个问题："如果挽救了 100 条生命，会失去多少条？"另一组人被问的问题是："如果失去 100 条生命，会挽救多少条？"

换句话说，每个参与者都必须做同样的计算，也就是 600 减去 100 等于 500，只不过是一组人必须从得转为失，而另一组人必须从失转为得。

研究人员记录了参与者解决这个简单的数学问题所用的时间，发现当人们从得转换到失时，他们可以很快解决问题，平均花了 7 秒钟。但是当人们不得不从失转为得时，他们需要更长的时间，差不多是 11 秒。这表明，一旦我们认为某件事是一种损失，这种想法就会在我们的头脑中根深蒂固，并抵制我们改变它的企图。我们都有偏向消极的基本倾向，这是否意味着我们不能提高偏向积极的能力呢？不是。

绝对掌控
SPAN OF CONTROL

我们必须努力看到事物的积极面。
我们必须为我们的幸福而奋斗。
我们必须追求卓越，克服自满情绪。
我们必须努力找到一线希望。

从积极的一面看待事物并非天性，我们必须定期练习积极思考。想想这对你个人、你的团队或组织来说会有什么影响。我想到的第一件事是永远不要让一个做得很好的项目、成就、任务或工作无声无息地消失，至少要承认它做得很好。

> **SPAN OF CONTROL**
> 从积极的一面看待事物并非天性，我们必须定期练习积极思考。

记住我之前所说的话：设定基调的人是你。

对我来说，事后总结汇报是一个好方法，它可以确保我们停下来肯定一项出色的工作，同时也承认哪些工作没有做好，以便我们能够做出积极的改进。

在美国海军蓝天使飞行表演队的总结汇报中，每次飞行后，他们都会讨论什么可行、什么不可行，并分解每个动作。这种总结汇报可能需要两倍于飞行的时间，汇报中的批评是具体而又残酷的，目的都是让下一次飞行做得更好，更能确保飞行演练精彩又安全。作为总结汇报过程的一部分，每名飞行员都要承认自己的错误，并在最后说：

第 5 章
脚踏实地，面对逆境仍然心存感激

"这个错误是我犯的，我可以改正。很高兴能在这里把它说出来。"这样做的效果是，每个人都知道错误的存在，知道在今后的训练中需要采取纠正措施。整个总结汇报过程既培养了大家对团队的信任和信心，又以积极的方式结束。

在标准的海军和海军陆战队的总结汇报中，我们会在汇报板的"亮点/其他"栏中填写内容。在汇报的末尾，为了庆祝我们的成功，我们总是会花点时间来确认并指出是什么在起作用。

就像你必须练习感恩一样，你也必须练习去发现积极一面的能力。如果你不花时间去赞赏进展顺利的事情，你就失去了一个培养士气、凝聚力和团队精神的机会。

我们倾向于更多地去关注消极面而忽视积极面，这可能是进化的结果。在人类历史的早期，关注这个世界上存在的负面威胁实际上是生死攸关的大事。那些更清楚周围危险的人更有可能生存下来。

然而我们知道，我们在现代社会的最终目标是生活，而不仅仅是生存。你在日常上下班的路上不需要逃离黑熊的利爪，晚上有没有饭吃也不取决于你能不能在森林里杀死一只鹿。这意味着，如果你能少一些恐惧，多一些专注，就可以把注意力从负性偏向转移

SPAN OF CONTROL

> 我们在现代社会的最终目标是生活，而不仅仅是生存。

到充实你一天的美好事物上。

如果你不确定你或你的团队在负性偏向方面的立场，可以去参考如下迹象：

- 协作减少；
- 领导层需要更多的信息和更高的透明度；
- 效率下降；
- 出现更多安全问题；
- 攻击同事；
- 患者或客户反馈变差；
- 人员流动率高；
- 行动缺席，即他们人在现场，但并没有真正参与。

当你和你的团队努力理解所有纷纷扰扰的不确定性时，可能会听到更多的流言蜚语和抱怨，也可能遇到更多无法解决的情况。

作为领导者，你应该确定以下目标：

- 保持清晰和经常性的沟通，以便你的团队在不确定时期收到准确的信息；
- 具有可预测性和一致性；
- 充分掌握员工情况，让他们获得处理危机所需的各种资源；

第 5 章
脚踏实地，面对逆境仍然心存感激

- 强化你所在组织的价值观，让你的队友知道他们的价值所在；
- 保持冷静，你的姿态很重要；
- 询问他们进展得怎么样、你能帮上什么忙；
- 说一句"感谢"来让你的队友知道他们受到了重视；
- 认识到成功并为成功喝彩！

我经常和这样一些团队一起工作：他们不停地从一个目标转到下一个目标，从一个挑战转到另一个挑战，转换的速度如此之快，以至于连抽空肯定一下自己工作成果的时间都没有。

在遭遇不确定性和工作高速运转的时候，如果你没有抽出一点时间说声"谢谢"，送几盒巧克力，或者通过视频会议专门为那些做得很好的队友喝彩并挥手击掌，那么你就失去了一个鼓舞士气、提醒你的团队他们所做的工作很重要，并表明你很重视他们的机会。

说一句"干得好"费不了多大劲，但是感觉不到被重视的队友会让你失去一切。事实是，幸福、被重视的感觉和工作成绩是紧密交织在一起的。

> SPAN OF CONTROL
> **幸福、被重视的感觉和工作成绩是紧密交织在一起的。**

鼓励和赞赏不应该只留到一个项目或某个阶段结束的时候。例如，作为战斗机飞行员，我们经常在不间断的风险管理和尽力在具有挑战性的生死关头保持积极进取的态度之间转换。这意味着我们从一开始

就需要鼓励和赞赏，即便是在飞行演练和执行任务的计划阶段。

我们有一个名为"红队"的流程，用于在最终确定计划并进入执行阶段之前，识别其中的错误、前后矛盾、被忽略的威胁和错过的机会。红队是一个不熟悉这个计划的小组，他们被召集来挑战我们，在我们提出的方案中找漏洞。除了暴露我们计划中的问题区域，还可以让红队在和我们相互交流时可以与团队成员共享最佳的实践、与众不同的方法、专业技能和知识，然后我们可以根据需要动手修改计划。这进一步增加了我们成功的机会，并有助于产生认同，这是一个提高绩效的关键组成部分。为什么这很重要？

"红队"是在我们团队内部创造积极体验和主人翁感的一种方式。我们的大脑实际上被设计成像魔术贴一样，喜欢去抓取负面经历和消极方面，并将它们视为对我们生存的威胁。"红队"给了我们一种控制感，一种我们从一开始就在进步的感觉。

积极的态度不会保证你一定成功，消极的态度却会扼杀你的适应能力。无论你的级别、职位或头衔如何，你都有义务帮助创造一种环境：即使是在存在不确定性的时候，也可以帮助你消除恐惧和焦虑，并完成你队友的期望。

SPAN OF CONTROL

积极的态度不会保证你一定成功，消极的态度却会扼杀你的适应能力。

第 5 章
脚踏实地，面对逆境仍然心存感激

SPAN OF CONTROL

接受失败

在海军里，有时候我们会说你应该"接受失败"，这是什么意思？就是认识到艰苦的、具有挑战性的工作是实现目标的一部分。有时候，有些不得不做的事情很不好处理，但无论如何你还是要去做。事情不会总是按计划进行。你可能会失败，你的承诺、勇气和韧性将受到考验。在这些时候，我们必须保持灵活性，并心甘情愿地继续投入到工作中去。

接受失败并不意味着消极或听天由命。实际上，要想做到这一点，确实需要一个积极的心态。这类似于一种即兴表演，无论你的表演搭档给你提供什么样的台词或情境，你们都能一起朝目标努力。

你不必喜欢或赞同那些糟糕的事情。相反，你会逐渐认识到这种情况或这项任务的本来面目，并且对它采取更积极的态度。

现在就向四处看看，你可能被一些糟糕的事情包围着：越来越多的待洗衣物、满是脏盘子的水槽、举步维艰的供应链、深陷不确定性的渠道合作伙伴、要求你付出更多时间关注的员工等。无论你遇到的糟糕事情是什么，接受它。

要有意识地去关注积极的一面，例如你的衣服可以堆起来，盘子总会变脏，你有可供合作的供应链和渠道合作伙伴，你有一个可能会让你抓狂的团队，但它只需要一点关爱或几

句"好样的"。

这些微不足道的积极关注的练习可以带来转变。接受失败，保持幽默感，向你的团队展示热情，保持沟通渠道畅通。

想象一下你被堵在路上。你的导航坏了，手机也没电了，你不知道如何到达目的地。在咕哝了一句之后，你需要问一下自己："现在什么在我的控制范围之内？"你不能改变交通模式，也不能改变前方发生的、造成此次严重延误的小事故。你修不好坏掉的导航，也不能因为再次把手机充电器忘在家里而痛骂自己。对于这种情况，我们选择的策略是"积极的重新评价"（positive reappraisal），它的科学解释是："积极的重新评价是基于意义基础上的应对措施的一个重要组成部分，它能够使人成功地适应生活中的各种压力事件。"

换句话说，积极的重新评价可能意味着你意识到堵在车流中是值得的。虽然心情失落，独自一人，但现在有时间听听你几个月前就打算收听的播客了！这意味着通过将困难重新定义为成长和学习的机会，我们可以认定意料之外的不适和沮丧是有价值的。

我们经常都会经历某些困难，如错误、失败、恐惧、痛苦和匮乏。我们的内心独白可能是这样的："我把工作搞砸了。我真的能胜任这个职位吗？呃，这一切都开始付出代价了。我会生病吗？我甚至不想在这个领域工作，我一直想从政。我的电子邮件还没看完一半，但已

第 5 章
脚踏实地，面对逆境仍然心存感激

经 6 点了……"

建议你积极地重新评价。你要清楚的一点是，我不是建议你去胡乱评估面临的情况，而是有意识地重新审视你所面临的问题，这样你就能保持高效。

太多时候，变化、混乱和不确定性令我们举步维艰，也就是出现冻结反应或设置自动决策状态，并阻止我们朝着理想中的生活、事业或团队前进。现在我们知道，我们倾向于关注和停留在消极方面，而负性偏向与我们把注意力引向何处有关。通过把注意力更多地放在积极的事情上，我们可以逐渐改变自己的心态。

当我们把注意力转向积极的方面时，我们开始明白这些道理：

- 失败产生智慧；
- 恐惧也是一种兴奋；
- 痛苦就是信息；
- 有效的规划至关重要；
- 目标可以根据影响设立；
- 行动可以战胜恐惧。

那些无休止的消极的内心独白会变得更明亮、更有成效、更有目的性。

绝对掌控
SPAN OF CONTROL

当然，你不会总是立刻就变得积极起来，这个技巧的目的也不在此。它的目的是转变你的观点，理解和承认现实，清楚你的目标，制订一个行动计划，与你的团队或你自己保持清晰的沟通！

不管今天是过得很好还是很沮丧，你都可以培养一种积极乐观的态度。

我的好朋友比尔·麦卡锡（Bill McCarthy）是网络科技公司 Infoblox 全球业务部的执行副总裁，每当有意想不到或可怕的事情发生时，他就会说一句"现在的局面正是我们想要的"。他因这句话而闻名。这看起来像是一句玩笑，但可以迅速将注意力转移到如何朝着期望的目标前进上。

麦卡锡还和我分享了下面这句话："作为一名领导者，你没有权利把自己的负面情绪表露出来。"这意味着即便你这一天过得很糟糕，你也没机会去沉浸其中或者把火气发泄在团队身上。通过向前看来找到一种保持积极的方法，把障碍当成一种机会。不要傻乎乎地以为这是假装乐观，实际上这是无畏领导者的心态的一部分。

树立积极的精神，保持姿态镇定，冷静沉着，专注于你控制范围内的事情。所有这些都是高绩效领导者必须具备的特质和习惯。

总结一下：你的心态是"生活还是生存"的分界线。如果你能

第 5 章
脚踏实地,面对逆境仍然心存感激

打个响指就自动变得更积极、更自信、更有韧性,那就太好了;但是相信我,这些事情不会在一夜之间发生。建立你的心态需要时间和训练,但好处是它让你为好的方面做好准备,也为坏的和丑陋的方面做好准备。

SPAN OF CONTROL

你的心态是"生活还是生存"的分界线。

SPAN OF CONTROL
获取积极心态的 8 个诀窍

1. 弄清楚你的控制范围。不要浪费时间和精力去改变你无法控制的环境。即使你不能改变一个充满压力的局势,你也可以选择如何应对。接受你不能改变的事情可以使你专注于你能控制的事情。

2. 专注于真正重要的事情。搞清楚什么是对你真正重要的——你的核心价值和你的目标才是对你真正重要的。你今天生活中最重要的部分是什么,是家人、健身、财务、信仰、工作、社区、自我发展,还是你想留下什么遗产?把你的时间和注意力集中在一两件最重要的事情上。混淆优先权会让你不堪重负和超负荷工作!正如我们战斗机飞行员所说的:"如果丢掉了目标,你就输掉了战斗。"

3. 用行动征服恐惧。恐惧、愤怒和失望会让我们不能正常行动,尤其是在遭受严重挫折之后。人类的天性是指责而不是寻找解决方案。但是恐惧不一定会让你退缩。丢掉所

有的"我不能""是的,但是""我本该"和"我永远不会"。关注解决方案,而不是各种挫折。

4. 从你的经历中学习。把"红队"列入计划中。定期听取总结汇报。你可以利用问题的力量来获得关注,并学习有价值的课程。寻找问题的根本原因,然后集体讨论解决方案。问一问:

- 发生了什么?
- 发生这种情况为什么是好事?
- 我如何扭转这种局面?

5. 心存感激。这一点我以前说过,在此我再说一遍!跟你的团队说声"谢谢"。就个人而言,每天花几分钟写下让你感激的事情,可以极大地提升你的快乐和幸福感,甚至健康。梳理一下自己的内心,记得向好的方面靠拢。

6. 超越糟糕的一面。我们知道不好的事会一直跟着我们,所以在心里明白这一点就行了。一次侮辱可以让人一整天甚至一整个星期都感到难受。坏情绪往往会自动传播,不是吗?有人在红绿灯处撞了你的车,过了一会儿,你对着另一个司机按喇叭。但是如果下一次有人对你发脾气,你控制住了自己呢?只要付出一些努力,我们就可以训练和重建自己的心态。

7. 分享美好事物。我们倾向于认为苦难总是与人相伴,发泄一下有助于消除负面情绪;或者如果我们聊聊这一天有多糟糕,心情会更好一点。所以我们会谈论刻薄的老板、

第 5 章
脚踏实地，面对逆境仍然心存感激

从不回电话的约会对象以及失败的推介会，但是我们忘了谈论美好事物。然而，这正是我们的大脑最需要练习的地方。所以，请关注美好、分享美好、传播美好。

8. 设定现实且乐观的预期。预期是人们争论的焦点。你可能听过这句古老的谚语："预期是预设的愤怒。"而其他人则认为高预期是成功的关键。无论哪种情况，期望生活一直按照你想要的方式发展，这肯定会让你自己失望。因为正如绝对掌控告诉我们的那样，不是所有的事情都在我们的掌控之内，期望的悖论是可以解决的。我们得到的结果在于我们如何驾驭我们能控制和不能控制的事物，对我们能够控制的事物抱以高期待是有益的。

扎根现实对于建立健康的心态至关重要，这种心态能够帮你渡过最艰难的时刻。我再强调一遍：积极的重新评估不是盲目积极，不是让我们在龙卷风来临时站在那里把风柱当作棉花糖去欣赏。积极的重新评估是看清现状，认识到困难所在，保持客观判断力，并确定经历中值得你去做的部分，或为你带来积极结果的机会。

在此举一个很好的海军例子。海军中将詹姆斯·斯托克代尔（James Stockdale）是一位传奇的战斗英雄。他驾驶的 A-4 天鹰战机被击落后，作为战俘营中的高级军官之一，他忍受并熬过了 7 年半的折磨、审讯和单独监禁。

绝对掌控
SPAN OF CONTROL

尽管面临的局面和威胁每天都在变化，但扎根于现实，清楚死亡的真正风险以及生存需要什么，并将这些与对生存的长远信念结合起来，正是这一切让他活了下来。这种二元思维通常被称为"斯托克代尔悖论"，斯托克代尔自己对此做了最好的总结："永远不能失去一定会成功的信念。同时，要面对现实中最残酷的事实，无论它们是什么。"

在吉姆·柯林斯（Jim Collins）的《从优秀到卓越》（Good to Great）一书中记述了斯托克代尔与柯林斯的一次对话。当被问及谁没能走出战俘营时，斯托克代尔回答说："是那些乐观主义者。他们说：'圣诞节前我们就会出去的。'圣诞节过后他们没被放出去。然后他们会说：'我们会在复活节前出去的。'复活节还是没被放出去。然后是感恩节，然后又是圣诞节。他们逐渐丧失了信心，最后郁郁而终。"柯林斯追问他的想法与这些乐观主义者的想法有何不同。他说："我相信自己能活着出去，但我又正视现实的残酷。"

因此，我们的天性往往是尽一切努力来避免、内化或忽视手头的问题（封闭、分割、通道化、过度依赖应对机制）。或者我们会打开自动决策开关，对如何改善我们的现状毫不上心，即使是在对最基本的活动的筛选上也是如此。

积极的重新评估以及选择为快乐而奋斗的关键，是正视我们所面

第 5 章
脚踏实地，面对逆境仍然心存感激

临的问题，并相信我们会战胜它们。拥有积极心态的表现就是认清现实并更快地前进。这么做是为了重新控制我们的思想，不要让像负性偏向这样更不费力的东西占据其中。

SPAN OF CONTROL

> 拥有积极心态的表现就是认清现实并更快地前进。

改变我们的心态总是在我们的控制范围之内。心态很重要。成功不仅仅在于伟大的战略或战术，还在于你是否关注你的控制范围，保持可预测性，并关注你自己和团队成员的情感需求。积极的心态不能保证成功，但消极的心态会扼杀你的适应能力。

如果你采取积极果断的行动，就能提高自己承受逆境的能力，从挫折中恢复过来。你不仅可以生存下来，还可以迅猛成长。你面对变化是否持积极态度以及是否掌握灵活应变的能力将决定你能达到的高度和总体幸福感。

我们都想平息混乱，夺取控制权，实现我们最狂野的梦想。然而，无论哪位励志大师告诉你该怎么做，这些事情永远都不可能仅仅通过积极的想象来实现。他们那一套都是胡说八道。这需要通过努力工作和持续的大脑训练来实现。

不要回避，直面现实，无论多么残酷都不要失去信念。一切都可能会好起来，你的梦想很可能会实现。

绝对掌控
SPAN OF CONTROL

SPAN OF CONTROL　　感觉因素

你多久会说一次"我累了""我感到疲惫"或"我心烦得很"这样的话？

事实证明，当我们使用"我……"这个句式时，大脑中的神经递质就会告诉我们的身体，我们确实是那些消极的话语所描述的那样。

假设你在办公室度过了一个糟糕的早晨。似乎一切都不顺利：会议取消了，客户尖酸刻薄、吹毛求疵，电话也打不通。你受够了，告诉自己："今天我很烦，我显然比不上这里的任何人。"随着时间的推移，你开始真的有了这种感觉，并且它会伴随你整整一星期。

说出"我很烦"和"我不够好"这样的话，你的大脑会把这种感觉传达给你身体的其他部分，这样你会感到更烦，更怀疑自己。

下一次，你如果发现自己在自言自语时的模式跟上述情况差不多，就应该好好地、认真地审视一下你那糟糕而又艰难的一天，试着稍微改变一下你的说法："今天的事情让我有点生气，我希望别人能注意到我正在做的所有努力。"

这些小小的改变不仅重塑了你的视角，也改变了你身体记录消极的方式。

在接下来的一周里，试着去注意听听自己说话时使用的

第 5 章
脚踏实地，面对逆境仍然心存感激

词语。数一数当和一种感觉搭配在一起时，你说了多少次"我"。我敢打赌，可能你抓到自己说"我"的次数比你想象的还要多。

直面自我怀疑摆脱混乱

如果你认为中立或逃避挑战能够战胜消极，那让我直截了当地告诉你：中立和逃避的效果是一样的。

成为领导是高度个人化的决定。我见过许多人放弃了很好的领导机会，不停地念叨着"我不确定我准备好了没有""我只是觉得这太快了""我还需要成长"。这些话虽然伪装成态度中立的模样，实际上却是消极的，他们几乎总是通过掩盖不安全感和欲望来逃避领导责任带来的挑战。这些话表达了恐惧，是一种自我挫败的说法。十有八九，恐惧给你灌输的这些都是胡说八道。

每个人都需要面对自我怀疑和恐惧，想要发挥领导才能需要一定的勇气。当你周围的所有人都告诉你不要这样做的时候，想接手一家财务状况糟糕的公司或者白手起家创业是需要勇气的。

我之所以告诉你这些，是因为对于任何接受了领导力挑战、接受了挺身而出的挑战以及接受了追求远大目标挑战的人来说，这些感觉

绝对掌控
SPAN OF CONTROL

都是再熟悉不过的了。

在多年指导各种领导者和商界人士的经历中,我发现自我怀疑经常困扰那些第一次担任领导角色,或进入更大、更具挑战性角色的人。自我怀疑甚至会阻碍那些已经担任领导职务多年,却突然觉得自己难以继续领导大家渡过不确定性和混乱困境的人。

在这一点上,也许给你带来成功的那些技能不再有效,我指的不是诚实、正直等道德品质,它们的核心价值永远不会变。或者,随着责任的变化,你对于重要事情的时间分配也必须改变。那些不能摆脱犹豫不决、不能识别什么是最重要的、不能坚定自己的信念并采取行动的领导者,是无法做好这些事情的。

无论任期长短,鼓足勇气迈出新的领导力旅程的第一步从来都不是件容易事。然而,如果你不这样做,你肯定会错过成为领导者和你本可以成为的人的机会。如果我没有鼓起勇气去申请 AOCS,然后继续努力,直到我握住 F-14 的操纵杆,那我就会错过为我的国家服务和驾驶我如此热爱的神奇飞机的机会。

你会遇到空中的气流。你有时会感到脆弱。你将不得不面对未知事物。感觉想放弃的时候,你需要坚持下去。你必须学会谦逊、优雅,勇敢地克服困难,并且对未来无所畏惧。

第 5 章
脚踏实地，面对逆境仍然心存感激

不要对未来的事情考虑得太多，这会导致不堪重负或无所作为。要想消除自我怀疑，就要试着从过去寻找鼓舞人心的事物。几千年来，人们设法渡过了各种前所未有的时期。

> **SPAN OF CONTROL**
> 要想消除自我怀疑，就要试着从过去寻找鼓舞人心的事物。

请记住，你不是第一个着手或面对新事物的人。我也不是。记住这一点让我对自己在这个世界上的目标有了更深刻的认识。

我的创业之路并不轻松。我的事业不是一夜之间做成的，也不是按照某个有影响力的人所列的"企业家成功的 7 个步骤"来做的。我有时会感觉非常混乱，一路上也是一边学习经验一边过来的。

我致力于从我的前辈们那里，从我的同事和导师那里，从我最想帮助的人那里学习。如果我没有努力培养自信和勇气、心态和思维框架，没有投入时间搞好人际关系和经常咨询顾问的意见，我可能就不会建立这样的信念：只要我不断学习，不断采取行动，我就会找到答案。我也永远不可能成立一家影响和提升数百万人的企业，去帮助他们利用自己的潜力、做出更好的决策、建立更强大的团队，并专注于最重要的事情。

对我来说，为了安慰自己而说的那句"我不确定我准备好了没有"让我付出的代价太高了。

绝对掌控
SPAN OF CONTROL

SPAN OF CONTROL

绝对掌控指南

- 你从逆境中学到了什么？
- 什么时候，或在什么方面，你最怀疑自己？
- 你上一次表达感激或分享美好事物是在什么时候？你的感觉如何？

SPAN OF CONTROL

第 6 章

用行动战胜恐惧，培养成长型思维

以正确的态度面对挑战，让挑战成为成长的催化剂。

Challenges, when met with the right attitude, can become catalysts for growth.

第 6 章
用行动战胜恐惧，培养成长型思维

我的人生中经历过许多转折，我称之为"从 2 马赫到学前班然后再回到 2 马赫"。我做过的工作有清理货摊、马术表演、翻玉米、在洗车场烘干门框、调酒、零售、为非营利组织工作、当战斗机飞行员、当妈妈、当企业家、经营年收入 7 位数的生意。我曾被起诉过，对方企图让我保持沉默；我曾站在面对 2.8 万人的舞台上，也曾指导过奥林匹克选手和职业运动员，还当过某协会主席和公司董事会成员……

有没有这样的时候：在我"感觉准备好了"之前，我就放手一搏去追求目标？当然有过。

有没有这样的时候：我一边等待一边学习一边准备，始终保持着持续的工作步伐和节奏；或者我为了尽可能地熟练掌握某项技能，尽可能地去摆脱困境，而长时间做某一份工作或在一个职位上待着？当然有过。但是不管是否会出现某种不确定性，不管出现任何结果，我内心深处一直都知道的一点是，不管发生什么，我都能解决。

绝对掌控
SPAN OF CONTROL

个中原因，部分可能是出于个性，部分可能是因为教养，但也有部分是实践的副产品，是一次又一次的冒险，也是致力于学习的结果。

我母亲的家族来自南方腹地。家里有 10 个兄弟姐妹，她在极度贫困但充满爱的环境中长大。大人们希望所有的孩子从很小的时候就开始工作，如到田里摘棉花、在小树林里剥山核桃、照看邻居的孩子等，任何有助于家庭生存的事情都可以做。教会、社区和邻居也期望得到他们的服务。

我曾跟大家说过，我父亲的父母分别来自荷兰和匈牙利移民家庭。他们说着不同的语言，信仰不同的宗教，但有着一个巨大的共同点：坚不可摧的职业道德和有所贡献的信念。做好工作，坚持信念，为自身之外的事情做出贡献，这是可敬的、令人钦佩的，也是值得期待的。

我的祖父母都喜欢如饥似渴地读书，不断学习新的东西，如动物标本制作、钩针编织和世界历史。祖父从一名职业拳击手改行到美国汽车公司的装配线上工作。祖母在西部出版公司（Western Publishing）的工厂地板上站了 40 多年，帮忙把数百万本"金色童书系列"书籍装订、装箱和分类。如果你读过《世界上最慢的小狗》(The Poky Little Puppy) 或者《小拖船闯世界》(Scuffy the Tugboat)，那么这些书很可能都经过我祖母的手。

第 6 章
用行动战胜恐惧，培养成长型思维

母亲最终成为一名空姐，婚后又被迫放弃了这份工作。20 世纪 60 年代的规定就是如此，公司政策会强迫结了婚的女性放弃工作。父亲曾当过美国海军陆战队飞行员，后来成为一名试飞员，之后又到了一家大型航空公司工作。

从他们身上，我和哥哥明白了一个道理：在通往任何有价值的成就的道路上，你都会遇到阻挠成功的障碍。我们认识到，无论你多么有天赋、有才华、有激情、有福气、有希望、勤奋或有创造力，都有可能一无所得。我们还认识到，如果没有坚定不移的志向，就不可能获得成功。

> SPAN OF CONTROL
> 如果没有坚定不移的志向，就不可能获得成功。

这意味着我是一个非常相信工作过程、工作习惯和读书习惯的人。我知道，即使得不到我想要的结果，我也会从中学到一些宝贵的经验。这些收获可以把我带入下一步的工作，我将带着这些智慧继续前进。在我投资的培训和教育领域，我学会了向那些我尊敬的已经成功的和诚信经营的人寻求帮助、反馈和指导。

我认为，太多时候，人们都在寻找即时生活妙招、快速解决方案、万无一失的生活和成功方式，他们想要确定性的结果。出于这些原因，他们会谨慎对待可能给他们带来快乐的机会或风险。那么稳扎稳打、小心谨慎呢？这也没什么用。你还是会遇到排斥，会经历失望，也可能会承受巨大的损失。因为如果你没有经历过失败，这可能说明你对

绝对掌控
SPAN OF CONTROL

自己的鞭策还不够。

让我们再重复一遍：如果你没有经历过失败，这可能说明你对自己的鞭策还不够。是的，即使在危机时刻也是如此。尽管你可能不得不缩减你的目标数量，但最基本的想法是否应该是专注于你能控制的事情，而不是陷入你不能控制的事情？这句话你得把它当咒语一样时常念叨念叨。

这句咒语能够消除自满，对抗恐惧，因为它强调取得进步的唯一方式是采取行动，用行动战胜恐惧。

> **SPAN OF CONTROL**
> 取得进步的唯一方式是采取行动，用行动战胜恐惧。

与9个月、12个月或18个月前相比，现在受到鞭策的你或你的团队可能与之前有所不同。但我们目前面临的动荡有利于那些能够灵活适应和调整的人，而不是那些笨手笨脚到处闯祸的人。

即使在危机时期，我们也应该专注于转换或开发新的做法，同时也要牢记我们的最佳做法。在不确定的时期，我们不能害怕进行勇敢的对话，以克服我们和团队在前方道路不明晰时可能会感到的恐惧和脆弱。你可能需要解决遗留问题，解决产品、习惯和实践问题，这些都很难放手不管。

任何行业内出现的危机都会对我们这些领导者、老板、董事会成

第6章
用行动战胜恐惧,培养成长型思维

员和业主提出更高的要求。我们必须主动向我们的团队和合作伙伴提出比以往更多的问题,例如:

- 你看到了哪些选择?
- 我错过了什么?
- 我或我们的盲点是什么?
- 你有什么建议?

我们不能只是坐以待毙,等待风暴自己过去。我们必须承认,在危机时期,成功地适应和调整需要一个过程,这是一场考验我们耐力的马拉松比赛。

知道不冒巨大风险就不会有丰厚回报的心态是一种成长型思维。学习、失败,再学习、再失败,这是获得回报所要付出的代价。

从固定型思维转向成长型思维

经过几十年的研究,世界名校斯坦福大学的心理学家卡罗尔·德韦克(Carol Dweck)发现了一个简单但具有开创性的真理,那就是归根结底,本质上只有两种思维模式:固定型思维和成长型思维。思维模式决定了一个人如何判断自己的能力、天赋、潜力和智力。如果你是固定型思维,你会认为自己的品质是一成不变的,无论你现在有

绝对掌控
SPAN OF CONTROL

什么样的智力、创造力或个性特征，你都会被这些东西给束缚住。思维模式固定之后，你会倾向于害怕挑战，因为你把潜在的失败视为一种威胁。

对于那些具有固定型思维的人来说，挫折是灾难性的。毕竟，如果你的身份与你擅长的一小类事情如此紧密地联系在一起，那么在其他任何事情上的失败都会攻击你的核心价值。在这种思维模式下，在某一件事上的失败就会意味着你是一个失败者。这些人认为尝试了但结果失败比根本不尝试更糟糕。

相反，具有成长型思维的人相信，他们可以通过努力和不断学习来发展和加强自身的基本素质。这种思维模式下的人们承认，人与人是不一样的，但每个人都可以通过努力和历练来提高和发展自己的天赋、能力甚至智力。

> SPAN OF CONTROL
> 每个人都可以通过努力和历练来提高和发展自己的天赋、能力甚至智力。

拥有固定型思维的人认为，成功的都是那些聪明人。如果你成功了，你就属于聪明人；如果你没有成功，那么你肯定不聪明。

而拥有成长型思维的人则认为，人可以变得越来越聪明。如果你选择了难题，说明你喜欢挑战自我。失败只是一种学习的方式，它能帮助你在下次获得成功。

第 6 章
用行动战胜恐惧，培养成长型思维

理解你的思维模式以及它如何驱动你的潜力至关重要。根据我们面临的任务或情况，我们中的一些人可能同时拥有固定型思维和成长型思维，我就是这样的人。我认为自己是一个拥有成长型思维的人，但我也会被击垮。我听到那些想看到我失败的人无数次地说我不够好、不够聪明、不够投入，不管他们说我的那些"不够"到底是什么意思，这种无休止的攻击就没有停止过。这会使我恼火，让我疲惫不堪，一而再再而三地让我对自己的能力产生怀疑。

但我也从经验中明白另一个道理：枪打出头鸟。站在炽热的聚光灯下是一件很有挑战性的事。

> 你会犯错误，
> 你会被迎头痛击，
> 这很残酷。
> 无论如何都要去，
> 采取行动。

在《无畏的领导力》这本书中，我分享了在面对各种挑战的情况下，我如何不再低调行事的事例。特别是对于女性黑人、原住民或有色人种领导者来说，无论你是何种性别、种族或行业，如果你想发挥自己的潜力，或开发最有能力的团队，就必须明白，人们会对那些貌似已经被你打破的任何假设或"规范"做出反应。

绝对掌控
SPAN OF CONTROL

例如，研究表明，为了从众，女性需要自愿地谨小慎微，来避免惹麻烦。人们期望女性不要去表现自己，不要显得比男性更卖力，当然也不要让人们知道女性在工作中表现得很好。

但是谨小慎微对谁都没好处。

为了达到别人的期望所带来的压力让奋力攀登的女性（以及一些男性）每天都在苦苦挣扎，甚至那些已经登上成功高峰的人也会有同样感受。更糟的是，谨小慎微、低调行事这些准则并没有过时或失效。

不要低调行事。发现自己的价值，大胆地说出来，坚持不懈，无须低调，这些都是成长的必要条件。正如我父亲常说的："那些告诉你'你不能'和'你不会'的人，可能是最害怕你什么都会的人。"如果你想朝着成长型或学习型思维模式转变，那你要明白，这也正是《绝对掌控》这本书的价值所在。

> SPAN OF CONTROL
>
> 发现自己的价值，大胆地说出来，坚持不懈，无须低调，这些都是成长的必要条件。

绝大多数像高管、军事领导者、运动员、企业主、医疗保健工作者、急救人员和企业家等这样的高绩效人士都具有成长型思维。我们都知道，面对压力时，我们不会去关注控制范围之外的因素，我们会

第 6 章
用行动战胜恐惧，培养成长型思维

继续努力，把精力放在学习和提高上。

我们可以通过选择做出改变来转变自己的思维模式。实际上，我们可以选择看待挫折的方式。与其刚看到失败或抵抗的迹象就自动举手投降，将自己所处的现状归咎于他人，因为觉得比采取行动更容易而不停地浏览社交媒体，不如我们下定决心，通过努力来确保自己的成功。

我们可以准确地决定自己如何应对挑战。这并不意味着这么做很容易，事实远非如此。但这是我们每个人都能做出的选择。到目前为止，你已经熬过了最糟糕的日子，即使你感觉现在仍然没有迈出第一步，或仍然沮丧忧愁，但你已经获得了一个机会。

你已经获得了一个机会。怎么做？专注于你控制范围内的事：

- 不要纠结于不好的事情。这样做毫无用处。总会有事情发生。如果你不能控制它怎么办？从中吸取教训，然后继续前进。找到更多的机会。
- 向好的方面靠拢。现在马上说出 3 件好的事情。在我们家，每天晚餐时，都有围着桌子做"好事情，坏事情"练习的习惯。我们列出已发生的不好的事情，但总会在它之后说上 3 件好事。我知道，这听起来很老套，但这么做很有用。这么做的目的是练习积极的重新评估。

- 确定哪些有效、哪些无效。你现在能做的最有用的事情是什么？把你能解决的事解决好，然后继续前进。只要你不断前进，就会产生动力，就可以治愈一切。

创伤也会有好作用

你可能听说过创伤后应激障碍（post-traumatic stress disorder，PTSD）。它影响了近800万美国成年人，它几乎可以发生在任何年龄阶段，包括儿童时期。PTSD患者可能是身体伤害、情感伤害或性侵犯的受害者，可能经历过事故、自然灾害、军事战斗，或者因为无法承受的、持续的压力而陷入绝望。不是每个患有PTSD的人都经历过创伤性事件，当所爱的人经历创伤时，有些人自己也会出现症状。

PTSD的症状可能包括对创伤事件的侵入性记忆、回避行为、消极思维和消极情绪，以及身体和情绪反应的变化，如遇到一点点小事就容易被吓到等。除了原有的创伤之外，还可能有第二个应激源，有时会导致患者出现抑郁、焦虑、回避正常活动、失眠和药物滥用。

但你了解创伤后成长（post-traumatic growth，PTG）吗？这是一个专业术语，代表着一种真实的状况，但我猜你并不熟悉。在过去的10年里，我问过成千上万的听众，问他们是否听说过PTG。只有一个人举过手。显然，我们错过了成长型思维的一个关键要素。

第 6 章
用行动战胜恐惧，培养成长型思维

研究表明，只有很少一部分人在创伤事件后会遭受 PTSD 的长期影响。需要明确的是，PTSD 不同于创伤后脑损伤，两者的症状并不相同。1995 年，北卡罗来纳大学创伤后成长研究小组的理查德·G. 泰德斯基（Richard G. Tedeschi）和劳伦斯·卡尔霍恩（Lawrence Calhoun）创造了 PTG 这个术语。根据他们的观点，在生活中，遭受创伤并经历 PTG 的人会更具欣赏力和复原力。他们将 PTG 定义为"在与极具挑战性的生活环境斗争后觉醒的积极心理变化"。换句话说，经历过 PTG 的人正在进行宏观的积极的重新评估。

如果能得到恰当的支持，我们当中大多数人都能够正视创伤性事件，并在经历这些事件后变得更加强大，自我意识增强，人际关系更好，认识到新的机会，对生活也更加珍惜。

正如你可能想到的那样，为了使美国军队保持有效和安全的战斗力量，我们必须不断努力地成为精神上和身体上都健康的服役人员。考虑到人口年龄和要求极高的军事行动节奏，这并不总是一件容易的事情。但是通过对话，我们发现消极的结果或 PTSD 并非一个既定的结论。结合对每名士兵在情感、社会、家庭和精神健康方面的评估，据此制订弹性训练计划，军队能够为处于压力下的士兵带来比那些没有接受任何这类计划或训练支持的士兵更积极的结果。

从创伤中恢复至少需要 3 个重要因素：

绝对掌控
SPAN OF CONTROL

- 每个人都必须找到做个人工作应具有的能力，并对自己负责，以便找到前进的道路；
- 拥有合适的人员和系统两方面的支持是高效前进的必要组成部分；
- 始终保持幽默感。

许多高水平的军事团队，无论是战斗机中队、特种作战部队还是海军陆战队侦察部队，都有一个特点，那就是流行讲黑色幽默。这不仅是在紧张、生死攸关的情况下缓解压力的一种方式，也是有效管理压力的一种方式。在最黑暗的时候，幽默可以成为你的救生索。它不仅能释放压力，还能消除孤独感，激发创造力，甚至能够粉碎极度的无聊。此外，它还能够帮助你保持客观的判断力。

> SPAN OF CONTROL
>
> 在最黑暗的时候，幽默可以成为你的救生索。它不仅能释放压力，还能消除孤独感，激发创造力，甚至能够粉碎极度的无聊。

每当我或某个队友要分享一个可怕或糟糕的飞行故事时，我们总是以"当时时速500节，没油了，无计可施"这句话开始。说完这句话，总会听到嘘声和嚎叫声，或者一句"天啊"。这是因为，拿即将讲述的事情开玩笑，表示我们承认自己已经从一些危险的事情中幸存，并努力接受它。开始时的那点乐观是为了让其他人知道：不管发生什么，你都能活下来。

第6章
用行动战胜恐惧，培养成长型思维

从逆境中恢复过来并变得更加强大需要时间和耐心，但大多数人都可以做到这一点。以正确的态度面对挑战，挑战就可以成为成长的催化剂。

你的思维模式一直存在于你控制范围内，它将决定你、你的团队、你的组织、你的家庭的潜力。通过我主持的所有高管项目、参加的董事会会议、与我共事过的专业教练和运动员，以及我参加过的各类激励会议，我发现大家有一个共同点，那就是他们真诚地感谢自己面对的机会，他们能够放下自我，相互尊重，他们非常乐观，非常有远见。他们有意识地保持乐观心态。

艰难时期和不确定性会激起我们大多数人的恐惧，但是适应压力的能力，以解决问题为导向的能力，将会永远助你得心应手地处理这些问题。那些顶尖的表演者能够预想到会有坏事发生。他们驾驭使自己专注于控制范围内的事情的那种力量，不允许外部因素使自己永久地偏离轨道。

不管你愿不愿意，困难和不幸往往都会帮你明确你的优势和劣势，你只需要能够应用学到的东西即可。尤其是在那些面临严峻考验的时刻，你从克服逆境中获得的认识在决定你走向成功的道路上起着重要的作用。现在让你非常失望或者成为你巨大绊脚石的东西，可以成为你向更伟大的目标迈进的发射台。

绝对掌控
SPAN OF CONTROL

大多数人都会低估自己从创伤中恢复的能力。随着我们对 PTSD 的深入讨论，我们有必要指出 PTG 的潜在作用。坏事也会有正面的"副作用"。教训可以变成经验，人也会转变。我们可以变得更强大、更积极、更有韧性。正如大屠杀幸存者、诺贝尔奖获得者、作家和人类活动家埃利·威塞尔（Elie Wiesel）曾经说过的那样："灵魂和精神也会取得胜利。有时候，即使你输了，也是赢了。"无论是在每天的日常生活中，还是在面对逆境时，只要努力，你就可以找到积极的前进方向。你可以比自己想象的能承受更多，你可以比现在更热爱生活。

SPAN OF CONTROL

绝对掌控指南

想一想最近的负面情况，问自己以下问题：
- 这种情况是否已经或将会产生任何积极的结果？
- 你从这种情况中学到什么了吗？
- 经历这种情况之后，你是否会成长？将如何发展和进步？

SPAN OF CONTROL

第 7 章

用良好的习惯消除焦虑,做出正确决策

面对压力时，你必须用"更好"来代替"完美"，
用"专注"来取代"恐惧"。

When faced with pressure, you've got to replace perfect with better and fear with focus.

第 7 章
用良好的习惯消除焦虑，做出正确决策

在我飞行生涯的早期，一位教官曾给过我一些很好的建议："做好计划，这样你就知道什么时候该停下来。"当我们陷入一场空中混战时，或者当我们降落到甲板上，即处于无法继续战斗的约定高度时，我们会使用"停下"这个词语。教官的观点是这样的：制订一个计划，至少思考一下，当你真的卷入一场危险或不可持续的战斗时，你什么时候暂停或离开。

在企业界，我们可以将其视为一个经过深思熟虑的退出策略。无论是中层领导、经理、董事还是合伙人，几乎每个人都会在某个时候需要做出一个重大决定：我应该继续，还是停止？我曾不止一次遇到这样的情况：必须迅速做出一个决定。从短期看，这个决定实施起来有些困难；但从长期来看，它对我的企业、我的生存和我的精神至关重要。如果你在商界处于领导地位，或者拥有自己的企业有一段时间了，你可能不得不这样做。也许是放弃不再符合期望的供应商，也许是因为对方不再遵循相同的经营理念而结束与朋友的商业伙伴关系。

绝对掌控
SPAN OF CONTROL

不管遇到什么情况，你生存下去的最佳机会，你在压力下做出正确决定的最佳机会，是事先做好准备，在你陷入绝境之前，想想你设定的"继续或停止"的标准以及你的退出策略。这样，当你遇到那个限制因素、那个之前确定的退出点时，你就会知道是时候停下来了。

只要能做到未雨绸缪、深思熟虑和事先规划，随着时间的推移，做出正确决策就会变得越来越容易。这有点像复利：如果你能从"继续或停止"中有所收获，它就会对你未来的决策产生持久和积极的影响。

> SPAN OF CONTROL
> 如果你能从"继续或停止"中有所收获，它就会对你未来的决策产生持久和积极的影响。

用持续行动对抗过度思考

当谈到自我发展时，人们很容易过于相信善于思考的头脑。头脑一贯"正确"，对吗？

不一定。

过度思考会很快让人不堪重负。我们都会陷入过度思考的恶性循环，这就是为什么要记住：过度思考是恐惧最好的朋友。这两者

第 7 章
用良好的习惯消除焦虑，做出正确决策

都会让我们停滞不前、困在自己的想法中，阻止我们去追求自己最想要的东西。

如果你以前听过我的演讲，你可能听过这句话："80% 就够好了！除非你是法务或者财务工作者！"我的意思是，如果你事先考虑了潜在的威胁和障碍等各种可能的情况，你成功应对变化的概率就会大大增加。即使你的计划并不完美，况且永远不会有完美的计划。你必须学会执行一个"足够好"的计划。在飞行领域，我们称之为"80%解决方案"。

> SPAN OF CONTROL
>
> 如果你事先考虑了潜在的威胁和障碍等各种可能的情况，你成功应对变化的概率就会大大增加。

你不可能得到你所需要的全部信息。事情总是处于变化之中，时间也在不断前进，即使遇到合伙人破产、供应商倒闭、新冠疫情来袭的情况，我们也要能够迈出下一步，然后采取行动。为了避免受制于超出你计划的环境因素，你必须尽早开始执行"足够好"的计划，然后做好在事后总结汇报的准备，以吸取经验教训。

在过度分析信息的同时迟迟不采取行动，这对完成任务没有任何帮助。过度思考和表现不佳都会导致事情停滞。很多人只会坐在那里左思右想，反复思考，却不去实打实地行动。他们没有去吸收信息、根据信息调整策略并采取行动，而是陷入了一种行为倾向：吸收，反

绝对掌控
SPAN OF CONTROL

复思考，不堪重负，担忧，然后……停止。

在脑海中回放昨天的对话，或是沉浸于灾难性的后果，这样的做法毫无益处。重要的是去解决问题。所以问问自己：你是在思考还是过度思考？你是积极主动还是心烦意乱？你是在寻找解决方案还是沉溺于自怜之中？对于你是否应该打那个电话这件事你分析过多少次了？你多少次向同事或朋友倾诉同样的担忧，却没有采取任何行动？

如果你一直过度思考，那就需要改变一下思维方式了。要承认，只有想法没有用，要去做可以让你的大脑专注于更有行动导向的事情。刚上航空预备军官学校时，我们就被灌输了一种思想，即对行动的偏好：行动胜于情绪。我们必须训练和改善我们大脑的能力，以应对混乱和不堪重负的状况。

我鼓励你从现在开始改变思维方式，看看会发生什么。现在，可以出去简单地活动活动身体，在你的房子或公寓周围散散步，做几个俯卧撑或仰卧起坐，只要是能改变你身体状态的事情就行。完成这些之后，回到你的电脑前，关闭浏览器中所有打开的标签，关闭各种通知提示窗，然后开始工作。

恐惧、完美主义和注意力分散的结合阻止了我们前进的脚步，只有当我们决定摆脱这种停滞不前的状态时，我们才能避开这种情况。

第 7 章
用良好的习惯消除焦虑,做出正确决策

只有果断地采取行动,这种恐惧和掩饰恐惧的循环才能结束。要想成功克服恐惧,你必须采取必要的行动。你必须在你的控制范围内找到无缝衔接的行动方案。

橄榄球比赛中,四分卫接到球后,必须努力思考下一步该做什么吗?当然不是。海军战斗机飞行员需要降落时,他们得拿出飞行手册来看看才知道该如何平稳着陆吗?当然不是。多年的训练让他们对飞机着陆驾轻就熟。即使是面对比平时更混乱、更有压力、更不确定的环境,也要做出相同的反应和行动。无论是在确认目标、列队、攻角的哪一步,都是如此。

在混乱的时候做出正确的决策,本质上是通过良好的习惯来消除焦虑。我们所做的每一个决定都基于一种行动方案。任何在特定领域或特定职业中做过很多决定的人都会告诉你,他们的习惯和日常行为是按部就班的,所以他们不需要考虑太多就能做出决定。依靠那些习惯已经成为他们成功的关键。

毕竟,习惯的好处在于你不用刻意去想它们,它们不会消耗或控制你的每一个有意识的想法。将它们变成第二天性的唯一方式是持续不断地行动。克服混乱并取得持久成功的关键是持续不断地行动。将行为变成习惯,这些习惯将变成决定我们未

> SPAN OF CONTROL
>
> **克服混乱并取得持久成功的关键是持续不断地行动。**

来的"快速思考"的能力。

第 3 章中已经说过，我们的大脑每天做出近 35 000 个决定，因此大脑会进入自动决策模式来保护自己，节省精力并解放意识，以便可以处理要求特别高或特别重要的事情。在这里，我们需要了解在最紧张的情况下，我们的大脑是如何做到这一点的。

我们可以通过在使用心智模型时训练大脑来影响这些行为。

目标，列队，攻角。

心智模型影响着我们理解世界的方式，包括我们看到的事物之间的联系、对事物如何运作的理解。这些模型很管用，因为它们帮助我们将复杂的东西简化成可管理的组块。开发心智模型需要训练自己在紧急情况下的思维习惯、思考步骤或提出问题的能力，如此一来你就可以几乎毫不费力地做出反应，专注于重要的事情，并忽略干扰。创建心智模型有助于你快速理解、解释和评估状况，并对下一步该做什么做出更好的决定。换句话说，当你使用心智模型时，你是在给自己讲一个故事，或者为正在发生的事情提供一个脚本，而这些故事的内容是关于我们的大脑如何决定要关注什么和忽略什么的。

习惯和心智模型与技能、财务状况、教育程度或外貌无关。任何人都可以学会养成一个新习惯。正确的习惯是唯一能将你与你想要的

第 7 章
用良好的习惯消除焦虑，做出正确决策

生活分开的东西。明天的优秀源于今天的良好习惯。这是每天努力让自己变得更好一点的绝佳理由。

> SPAN OF CONTROL
>
> **明天的优秀源于今天的良好习惯。**

对我来说，在新冠疫情刚刚开始的时候，我的日常工作还是去世界各地参加活动，在旅途中召开电话会议，在预定的时间指导企业高管，然而所有这些日常工作现在都被打乱了。

突然之间，我全天在家工作，4 个孩子几乎全天在家上网课。我必须对工作中无休止的变化保持高度敏感，例如那些催促电话、被客户投诉塞满的邮箱和长达数小时的视频会议。再加上孩子们进进出出，我不停地为他们做一顿又一顿饭，用不了多久你就会看到我喜欢做计划的习惯是如何半途而废的。每天都有乱七八糟的事情发生，重新安排电话和会议成了常态，我做每件事时都感觉是如此的被动。

幸运的是，通过简化日常安排和重新采取过去证明有效的那个做法，我又回到了正轨。这一做法就是在便利贴上用粗记号笔写下我最需要关注的 3 件事，并且把便利贴贴在我的电脑上。有了这 3 个明确的目标作为路标，我就能保持井然有序并走上正轨。你怎样才能做到跟我一样呢？我建议从制订个人计划开始，包括事先准备和事后总结报告。

在一天开始的时候，在启动任何电子设备之前，拿一个笔记本

或者便利贴，在上面写下你认为最重要的3件事。然后，在一天结束时，检查你的计划和你的完成情况。写下什么做法有效、什么做法无效，并说明原因。书面总结报告可以让你发现工作执行中的任何不足或差距，并提高你预测下一步最佳行动的能力。

不要试图通过投机取得成功。坚持学习，专注于持续的改进。努力让自己每天都能取得一点进步。

> 坚持学习，专注于持续的改进。努力让自己每天都能取得一点进步。

对可以掌控的事了然于胸

想象你作为一名四分卫在球场上，手里抱着一个橄榄球，一群高大的成年男子向你跑来，只为把你压倒在地，然后把球抢走。与此同时，成千上万的球迷一边尖叫，一边盯着你的一举一动，谈论着接下来可能出现的压倒性局面。

在那混乱的几秒钟内，在你被线卫压倒在草皮上之前，作为四分卫，你必须快速做出一系列艰难的选择。当队友形成的保护墙开始崩溃时，你必须保持超乎想象的专注力和控制力，在混乱中寻找某些有用的信号。

人们经常认为对四分卫来说最重要的是手臂，准确投球是他最有

第 7 章
用良好的习惯消除焦虑，做出正确决策

价值的能力。但是，投球是最简单的部分。天赋、力量、训练、技巧和坚持不懈的重复练习都有助于提高投掷的准确性。在比赛过程中，决策才是真正棘手的部分。

你想想，我们习惯于在电视上看橄榄球赛，绿草如茵的赛场一览无余。整个比赛看起来很简单，几乎像排练过一样，该进攻的进攻，该防守的防守。

然而，我们也都知道，橄榄球赛可不是跳芭蕾。这是一场惊险的战斗。四分卫在地面上可没有那种全能的视角，他究竟如何知道向何处投球才是正确的决策？他是如何排除干扰，在一片混乱中采取行动，从而适应混乱的呢？

即便身处混乱之中，四分卫也必须保持相对的镇定和专注。他需要看透并克服混乱的干扰，根据他对自身该做的事情和需要关注的事情的理解，来分析周围不断移动的场景。

人们已经投入大量的时间、精力和金钱来研究四分卫做出正确选择的能力背后的成因和机制。美国职业橄榄球大联盟（National Football League，NFL）一次又一次地尝试通过某种测试或公式，以弄清其中的原因。事实上，NFL 曾要求所有球员参加一个被称为"温德利智力测试"的项目，这实际上是一个迷你型的智商测试。该测试时长 12 分钟，由 50 个问题组成，越往后题目越难。

绝对掌控
SPAN OF CONTROL

在此举一个温德利测试中的简单问题：链条售价为每英尺 1.5 美元。18 美元可以买多少英尺的链条？

NFL 认为，数学和逻辑好一些的球员会表现得更好。这似乎是个很公平的假设，对吧？但是不可思议的是，在一次又一次的测试中，那些顶级的四分卫得分都很低，这说明事情并没有那么简单。事实证明，在 NFL 比赛中，温德利测试成绩和四分卫的成功之间并没有真正的关联。那么四分卫是怎么做到的呢？瞬间做出正确决策的秘诀是什么？

秘诀就在于他们知道在那个时刻的唯一目标，就是接住球，找到合适的队友，然后把球传给他们。秘诀就在于尽管心里害怕，但还是要保持专注。秘诀就在于目标、列队、四分卫的攻角。秘诀就在于接住、找到、传出。秘诀就在于对他们控制范围内的事情了然于胸，然后排除干扰。

当比赛时间到了，那些四分卫到达赛场的时候，你觉得他们会担心家里坏掉的洗碗机吗？或者会为前一天晚上和家人吵过架烦心吗？或者会琢磨他们的合同是否会在下一季续签？当然，比赛结束后不久，在更衣室里，他们可能会对这些事情感到担忧。但他们知道，为了表现出色，他们必须专注于一件事，并且只能专注于一件事，即在那一刻他们唯一能控制的事情：把球传给合适的队友。

第 7 章
用良好的习惯消除焦虑，做出正确决策

在混乱中采取行动，在压倒性局面下保持冷静，对自己的控制范围有持续清醒的认识。这些独特的能力就是帮助四分卫获得高额薪酬的秘诀。每一次传球实际上都是一种猜测，一种抛向空中的投机行为，但是最好的四分卫可以设法猜得更准。

> SPAN OF CONTROL
>
> 在混乱中采取行动，在压倒性局面下保持冷静，对自己的控制范围有持续清醒的认识。

不求"完美"，只求"更好"。面对压力时，你必须用"更好"来代替"完美"，用"专注"来取代"恐惧"。

这与教科书上的三角函数、物理公式或逻辑推理都无关。想象一下，如果一个四分卫接到球之后，突然开始思考每一个可能的选择和结果，那么他的脸就会被按到草坪上，球也会落到对方手里。那一刻的决策关乎控制、恢复力和行动。当时他没有时间思考，只有时间来完成一系列无缝衔接的行动。这就是工作中的绝对掌控！

战斗机飞行员并非天生就具有在高强度、高压力的环境中确定优先级任务的能力，相关必需的技能都是我们通过学习得到的。我们持续不懈地准备，在学习、计划、请示和总结汇报上投入大量的时间，在模拟飞行和真实飞行中投入大量的时间，这些都是在锻炼我们的优先处理能力。这种做法同样适用于四分卫。为了在混乱和对自身健康的威胁中做出正确决策，他们也在不懈地做着各种准备：学习、计划、

请示和总结报告，然后比赛。

不是每个人都愿意这么做。这事做起来很难，需要大量的时间；需要展示脆弱，认识到自己的缺点；需要虚心、耐心、勇气和坚韧；有时候还要寻求他人的帮助。

要想培养做出优秀决策的能力，首先你要明白的是：你必须花时间去学习，去填补知识空白，去考虑各种反对意见，去评估你为什么做错了、为什么做得不够好，以及怎样才能做对。这就是你在应对竞争激烈、快速变化、充满不确定性的环境带来的不可预测性时应采取的措施。所有这些都有助于你做出有意识的、具体的、深思熟虑的决定。

根除问题

很多时候，太多的问题占据了我们的大脑空间，导致我们精疲力竭、不堪重负，有时甚至完全崩溃。意识到哪些问题可以搁置，有助于改善和保持你的注意力。

写下你生活中目前面临的 5 个问题或事项，然后决定哪些在你的控制范围内。比如，如果你意识到你的一个问题是岳母对你的看法，那就去拿一支记号笔，把这个问题标记

第 7 章
用良好的习惯消除焦虑，做出正确决策

下来。对于那些在你控制范围内的事，想出一个你今天就可以采取的行动，来帮助你解决部分问题。

问题：_____

是否在你的控制范围内？ □ 是　□ 否

采取什么行动？_____

问题：_____

是否在你的控制范围内？ □ 是　□ 否

采取什么行动？_____

问题：_____

是否在你的控制范围内？ □ 是　□ 否

采取什么行动？_____

问题：_____

是否在你的控制范围内？ □ 是　□ 否

采取什么行动？_____

问题：_____

是否在你的控制范围内？ □ 是　□ 否

采取什么行动？_____

绝对掌控
SPAN OF CONTROL

并非所有的行动都是一样的——有鲁莽的，也有理性的；有懒散的，也有娴熟的。采取更佳行动的关键是要有意识地去做。要有意识地做出你的选择、决定和行动。

> **SPAN OF CONTROL**
> 要有意识地做出你的选择、决定和行动。

《反障碍：如何从障碍中获益》（*The Obstacle Is the Way*）一书中，瑞恩·霍乐迪（Ryan Holiday）如此阐述了他的观点：

> 采取行动没有什么了不起，可正确的行动却不常见。它需要长期而专业的训练。真正能够反转障碍的行动是目标明确的行动，每件事情都应该是为整体服务、有步骤、循序渐进的。不屈不挠再加上灵活应变，我们就能够采取最有利于自己的行动。行动需要勇气，而非蛮力——运用你的创造力而不是冲动。我们的举动和决定就是对自己最好的证明：我们的行动必须是审慎的、有魄力的、不屈不挠的，这些都是正确有效的行动特质。
>
> 正确的行动不是反复思考、躲避或是从他人那里寻找帮助。
>
> 行动，就是解决我们的障碍的终级方法。[①]

[①] 引自瑞恩·霍乐迪，《反障碍：如何从障碍中获益》，化学工业出版社，2015 年出版。

第 7 章
用良好的习惯消除焦虑，做出正确决策

战斗机飞行员必须在一个快速移动的、甚至灾难性的动态环境中做出多个决定，我们不可能先减速或靠边停下来，再去思考做决定。

相反，我们需要通过明智的计划和不断地学习，来平衡我们不得不进行风险管理或过度思考的任何倾向。我们必须放弃"完美是采取行动的唯一目标"这一观点，并学会接受不可避免的失败。无论你是战斗机飞行员、领导者还是财务规划师，如果你没有执行力，无法避免分析瘫痪①，或不能从结果中吸取经验，那么即便全世界所有的天赋都集中于你一身也没用。

> SPAN OF CONTROL
>
> 我们必须放弃"完美是采取行动的唯一目标"这一观点，并学会接受不可避免的失败。

坐下来踏踏实实地制订一个计划，即便这个计划并不完美。你是在卓有成效地改进计划，还是在毫无意义地反复"打磨"，提高这种分辨能力对你的成功来说至关重要。

在 AOCS 进行的一切训练，都是为了淘汰那些在恐惧和压力下不主动行动或无力执行的人，那些人真的无法理解，或者无法快速理解如何形成所谓的"行动偏好"。

当你驾驶着一架攻击机试图以每小时 165 英里的速度在一艘摇摇晃晃的航母上降落，或者正在被弹射器以在不到两秒的时间内从 0 加

---
① 指分析过多造成的无法决策现象。——编者注

绝对掌控
SPAN OF CONTROL

速到超过每小时 180 英里的速度弹射出去,调度员正通过无线电大声呼喊:"'雄猫'离开船头!弹出!弹出!弹出!"这时候没有反应时间。你没法提问,更不能停下来思考。你必须采取行动,否则你就会死。

这就是为什么教官要努力培养我们的行动偏好,只有那些证明自己完全准备好接受任何挑战的飞行学员才能通过考核。所有有抱负的航空预备军官都知道:灵活,果断行动,主动出击。不要等待别人告诉你该做什么。你和其他人的生命取决于你前进和行动的能力。行动战胜恐惧。

有一些研究支持这种说法。马萨诸塞大学阿默斯特分校的西摩·爱泼斯坦(Seymour Epstein)进行了一项研究。在这项研究中,跳伞新手被安装了心率监测器,在飞机向释放点爬升的过程中,监测器会测量他们的脉搏。他发现,在跳伞前,跳伞者的心率越来越快,而一旦他们离开飞机,心率就会急剧下降。整个过程中最紧张的部分是期待的过程,一旦跳伞成为现实,恐惧就消失了。

有一句很有禅意的话这样说道:"大胆地跳就行了,总会有张网接住你。"[①] 你在做某件事之前的那段时间是最难熬的,但它们不应该是退缩的理由。你在下落的过程中会"长出翅膀"。明白了这一点,

---

[①] 源自美国博物学家、散文家约翰·巴勒斯(John Burroughs,1837—1921),他这句话的意思是,如果你抓住机会,大胆出击,不管结果如何,你都不会自由下落,总会有张网接住你。——译者注

第 7 章
用良好的习惯消除焦虑，做出正确决策

下一次当你害怕迈出下一步、害怕冒险、害怕打一个麻烦的电话，或者害怕对某人说"不"的时候，你可以更早一点主动出击。你会开始工作，而不是坐在露天看台上干等着，因恐惧而窒息、麻木，想着"如果……会怎么样"。

对那些完全在你控制范围内的事情采取行动，可以让你在权力受到挑战的情况下找回权力感。即使你感到害怕、焦虑、失望甚至绝望，也要迅速从分析和分心中转向你的行动计划。有意识地做出回应，专注于前面提到的那 3 件最重要的事情。无论如何都要行动，哪怕感到恐惧。没有人能阻止你选择前进并成为一个杰出的人。你可以做一些能带来更积极结果的具体事情，你的第一步可能是拿起电话或从床上起来，但不管是什么，坚持继续前进。

记住一点：你是谁和你想成为谁的区别在于你做了什么。这可能并不美好，也可能来之不易。但是，如果你知道它是一个正确的行动方案，那就应该果断行动，主动出击。

SPAN OF CONTROL

> 如果你知道它是一个正确的行动方案，那就应该果断行动，主动出击。

在做出各种快速决策或重要选择时，我们的目标需要有足够的洞察力来"自动做出"一些决策，这样大脑就可以专注于最重要的事情。你的控制范围是由你可以关注并且应该关注的事情决定的。其他的一切都是干扰。

绝对掌控
SPAN OF CONTROL

SPAN OF CONTROL 那些总是在你控制范围之外的事

- 其他人。你唯一能真正控制的是你自己的思想和行为。如果其他人在做一些你不一定会在意的事情，那么你根本改变不了什么，只能继续前进。

- 过去的事。过去的事木已成舟。如果你犯了错误或有遗憾，你唯一能做的就是决定它们如何影响你的现在和未来。

- 假设情景。对于你做的每一个决定，都会有一个巨大的疑问："如果……会怎么样？"这一点永远不会改变。考虑潜在的结果是一件聪明而谨慎的事情，这属于风险管理。然而只是不停地考虑每一个可能的结果，却不采取行动，这就不是明智的做法了。不再关注不可控因素，把精力放在可控因素上。例如，不再关注别人，而专注于自己的决定和行动。这样会大大减少你的焦虑。

- 世界危机。世界危机的确真实存在，而且，你无法解决全球饥饿问题或找到治疗传染病的方法。在你控制范围之外的世界上还有很多不幸的事情正在发生，记住这一点很重要。我这么说的意思并不是我们不应该伸出援助之手，而是说我们不可能单枪匹马解决这些问题，更何况，这些事一时半会儿也解决不了。

第 7 章
用良好的习惯消除焦虑，做出正确决策

SPAN OF CONTROL — 那些总是在你控制范围内的事

- 你。你是自己人生的 CEO。记住"控制范围"这个词在传统商业领域内的含义是"个人或组织负责的活动领域，及其职能、人员或事物的数量"。改变某些情况或许并不现实，但是改变你的想法、心态和观点却很可行。

- 你的未来。过去的事木已成舟，未来更要靠你自己来获取。虽然生活具有不确定性，但它是可塑的，现在你可以做一些对你以后有帮助的事情。

- 你的行动。假设情景对规划和提高你的情境意识很有帮助，甚至至关重要，但是我们不能在假设中把什么都给否定掉，那叫分析瘫痪。与"如果……会怎么样"相反，"现在该做什么"是改变你处境的催化剂。集中精力改变你的行为才能对现状产生最大的影响。

- 你的社区。你可能无法解决全球饥饿问题，但你肯定可以给邻居分一些午餐。从不堪重负走向绝对掌控的最快途径之一，就是直接在你的社区里做好事。这样你会真正给这个世界带来明显的、积极的变化。

绝对掌控
SPAN OF CONTROL

市场变化、经济变化、友情受挫、家人离开等，这些都是无法控制的外部因素。但请记住一点，你始终可以控制自己的行为和反应。害怕失败没什么大不了，但不去改变你的处境，哪怕只是1%的改变也不去做，是相当不可取的。

SPAN OF CONTROL 创造行动

当你即将不堪重负时，最重要的是确定3件你可以做的日常事务，重新集中注意力，这样你就可以做出最好的决定并采取适当的行动。这3件事是你的3项行动，当你的大脑由于任务过载或其他压力而没有能力清楚敏锐地思考时，你可以把其他任务暂时搁置。

我所看到的一个有效的3步行动方案可能会简单得让你吃惊：

1. 收集各种与行动机会有关的信息，并把这些信息写在纸上。
2. 解读信息，列出这些机会的利弊清单。
3. 活动一下身体，提升一下状态，然后继续研究清单，做出决定。

这个3步行动方案有助于决策，它可以使我不用再去收集和分析信息，让我在确定支持或反对某个决定的原因后与之保持"距离"。

第 7 章
用良好的习惯消除焦虑，做出正确决策

这里有一个更具体的清单：

1. 去跑步。
2. 给信任的朋友打电话。
3. 喝杯水。

无论你选择哪 3 件事，它们都必须直接在你的控制范围内，而且必须是你在明确的前行之路上可以依靠的东西。

在这里写下你的 3 个行动：

1. _____
2. _____
3. _____

最优秀的人也会出现分析瘫痪的情况。各种问题、议题、待办事项、选择和重大决定经常会堆积如山，我们会发现自己困在其中无法自拔。处理这种情况的诀窍是不要在此中逗留过久。花点时间来反思一下，但不要沉溺其中或过度思考。要勇往直前。

与许多人的想法相反，勇气并不意味着没有恐惧。更确切地说，勇气可以帮我们战胜恐惧、感受恐惧并勇往直前。

> SPAN OF CONTROL
> **勇气可以帮我们战胜恐惧、感受恐惧并勇往直前。**

你内心的刚毅让你敢于面对危险，让你相信有价值的结果，克服

绝对掌控
SPAN OF CONTROL

障碍，向前一步去抓住机会，哪怕它看起来不可能实现，哪怕你满心恐惧。这不是去冒不良风险，也不是虚张声势故作勇敢；这是选择带着希望生活，而不是被恐惧碾压、被犹疑麻痹。这希望就是行动的力量之源。

SPAN OF CONTROL

绝对掌控指南

- 你上一次感到分析瘫痪、无法做出决定是什么时候？
- 上一次你做出错误决定后从中吸取教训并继续前进是在什么时候？
- 你注意到你描述的两个事件之间有什么不同吗？
- 你如何重新安排你的一天，才能做得更多且不会陷入过度思考？

SPAN OF CONTROL

第三部分

运用掌控力，挑战不可能

SPAN OF CONTROL

第 8 章

专注就是力量，集中精力做最重要的事

将你的时间、精力和资源用于应对那些有意义的挑战!

Direct your time, energy, and resources to solving those challenges that make a difference!

第8章
专注就是力量，集中精力做最重要的事

赛艇是一项艰苦的运动，常被视为这个星球上难度最大的3项运动之一。这项运动中的每一步都令人痛苦。事实上，它也被称为唯一一项以死刑为目的而开启的运动。这不是开玩笑！在南欧，从15世纪开始，一个人如果被判有罪，要么被处决，要么被判做桨手。

感谢大自然的恩赐，对于赛艇选手来说最好最平静的水面通常出现在清晨，所以早上5点起床已成为惯例。想达到竞技水平、参加赛艇比赛，在寒冷的黎明起床只是痛苦的开始。这项运动至关重要的一点是要保持身体协调。当你划桨时，任何一个不合时机的错误动作，都可能会让你落入水中。你的手看起来像是刚从绞肉机里拿出来一样，上面满是水泡、老茧，老茧包着水泡。你感觉腿上好像有上百万根针在扎。你能确定的是要么肺会爆炸，要么你会因缺氧而窒息，哪种情况先发生倒是不一定。强烈的疼痛扰乱了你的思维，所有的生存逻辑都在告诉你要退出这种训练。甚至你的眼睛也会受到影响，因为视野中只剩下赛道。

绝对掌控
SPAN OF CONTROL

你确信自己会死掉。你确信自己根本不可能到达终点，然而，你脑海中有一个声音，一个足够响亮的声音，对你说不要放弃你的队友。

所以你集中精力，继续坚持。

大学三年级开学前的那个夏天，我们一群人留在学校参加夏季赛艇训练。我们上了几堂训练课，为秋天的赛季做准备。我们准备参加的是每年在波士顿举行的著名的查尔斯河赛艇大赛。这场比赛吸引了国内和国际顶级赛艇运动员以及成千上万的观众。出于一些原因，我们团队之外的人都没指望我们华盛顿大学的船员能表现出色，这很合情理。首先，我们这些船员都很年轻，在经验和资历上跟其他队有差距；其次，仅在我们参加的一场比赛中就有超过45支其他船队；最后，其中一支船队刚刚参加了奥运会的赛艇比赛。我们要去参赛这件事是认真的吗？我们的机会有多大？

作为一名经验丰富的大三学生，我已经获得了建立一个愿景的能力，每个人都可以根据愿景来制订日常决策。我知道必须有一个可以起到催化作用或者令人信服的想法，让我们的团队朝着正确的方向前进。

此刻的愿景很简单：我们希望在查尔斯河赛艇大赛上获胜。我们要做的就是让我们的船比其他船划得快。所以那个夏天的每一天，我们在训练时都会问自己："这么做会让船跑得更快吗？"我们所做的一

第 8 章
专注就是力量，集中精力做最重要的事

切都是为了回答这个基本问题。

如果我们要在体育场跑楼梯，那么在计划之外多练 15 分钟会让船跑得更快吗？是的，它会。让我们感到不适的是，在那 15 分钟里我们确实经历了巨大的痛苦。我们日复一日地进行磨人的训练，心中只有一个目标：在查尔斯河赛艇大赛上获胜。大多数的日子里，或许还是退出比赛更容易一些。

当我们所有的朋友和伙伴都在为他们的大学夜生活做准备时，我们却不得不问自己："像他们那样做会让船跑得更快吗？"当然，我们很快得出了答案："不，不会。"并不是说我晚上从来没有出去过，毕竟，我确实去过威斯康星大学麦迪逊分校。但我跟我的队友们一样，知道如何在社交中表现自己，也知道我们做出的选择将直接影响我们把船划得更快的能力。

那年 10 月，我们出现在查尔斯河赛艇大赛上。我们的船带着勇气、力量、熟练的精确度和强烈但平静的决心，在 3 英里的航道上摇摆前进。在比赛结束时，当所有的船都过了终点线，我们获得了第一名，成了美国顶尖的大学船队。

之所以能做到这一点，是因为我们始终把我们的目标放在首位，并专注于我们控制范围之内的事：

绝对掌控
SPAN OF CONTROL

- 确定了作为一个团队需要做的最重要的 3 件事,以便使船跑得更快;
- 为了成功制订了一个书面计划,即我们的训练和比赛计划;
- 制订了一个沟通计划,在困难时刻可以互相帮助。

我们弄清楚了那些我们可以控制的事情:我们的训练强度,水上训练的时间,在健身房的时间,做力量训练的时间,力量测试,我们吃的东西,以及我们在水上做出的各种决定。我们把我们的训练、水上时间、休息时间和比赛计划都记录了下来。如果团队中的任何一个人有困难,我们都会想办法解决,互相沟通,互相支持。

专注是一种行动,我们确实这么做了。不管遇到什么障碍,我们都坚持追求那个目标。

赛艇是一项非常特别的运动。通过努力,你会变得更好,但想要快速前进却并非易事。这项运动在很大程度上依赖于个人动机和纪律,即当你感觉吸不进足够的空气、疼痛太剧烈而无法继续时,仍能够坚持下去的能力。还有,你不能单干。你需要训练伙伴来推动你,需要教练给你反馈意见,以及向优秀的团队成员和家庭成员倾诉,抱怨一下持续不断的疼痛,给他们看看你手上的水泡,或让他们迷上你的装备。

我在华盛顿大学学到关于坚持、勇气、保持冷静和专注,以及可

第 8 章
专注就是力量，集中精力做最重要的事

能性的力量的经验，它们一直伴随我到现在。

英国赛艇运动员马修·平森特（Matthew Pinsent）获得过 10 枚世界锦标赛金牌和连续 4 届奥运会奖牌。正如他所说的那样："在赛艇比赛中，恐慌是一件坏事，尤其是坐在赛艇座位上的时候。恐慌使划桨动作变得急促而短暂，这两者都是速度的杀手……全神贯注，全力以赴去赢得胜利是第一要务。如果你做不到，那就放弃吧。"

专注就是力量，削弱专注等于削弱力量。我们的底线是，仔细想想那些对你的目标没有帮助的东西，把它们扔出船外。摆脱各种噪声，理清杂乱的思路，然后问问自己：这样会让船跑得更快吗？

SPAN OF CONTROL

专注就是力量，削弱专注等于削弱力量。

训练大脑排除干扰

此时想象一下你正站在纽约时代广场的中心。在第七大道和百老汇的交叉口，你会看到数量惊人的亮闪闪的霓虹灯、大屏幕和广告牌。高耸的大厦环绕着你，出租车按着喇叭，人们大喊大叫，音乐震耳欲聋。空气中弥漫着烤坚果、热狗和汽车尾气的味道。你会遇到许多卡通人物，如蜘蛛侠、艾摩或艾莎，他们走过来问你是否想花钱和他们合影，毫无疑问，你还会碰到几个在人行道正中央拍照的游客。

绝对掌控
SPAN OF CONTROL

这里有很多东西需要我们消化。但正如我们已经了解到的那样，我们的大脑是有极限的，时代广场疯狂混乱的场面很容易造成感官信息的过载。同时在家办公、安排孩子们的网课、参加董事会视频会议、抵御冷漠和不堪重负，也会导致信息过载，不仅你自己，你的团队成员也会遇到这些情况。为了应付所有这些感官输入，大脑会启用各种过滤机制，神经学家称这类机制为"选择性注意"。虽然在这个过程中我们可能认为自己看到的是一个单一的综合图像，但实际上，我们是在取样，决定哪些信息重要且有意义，哪些信息无关紧要。因为你的大脑总是"开着"并接受信息，它必须不断地选择要注意什么、过滤掉什么、忽略什么。

普林斯顿神经科学研究所的研究人员得出这样一个结论：我们拥有集中注意力的能力，目的是集中注意力工作，而不是不间断地工作。因此，虽然看起来你一直在专心地阅读这本书，但事实上你每秒钟会集中或分散注意力4次。研究人员发现，在集中注意力工作时，我们也会分心。在分心的这段时间里，大脑会冻结并扫描，看看是否有其他更重要的东西。如果没有，它会将注意力收回到我们正在做的事情上。

> SPAN OF CONTROL
> 我们拥有集中注意力的能力，目的是集中注意力工作，而不是不间断地工作。

这意味着我们天生就有区分先后次序的能力。事实上，人类并不是为承受超负荷的任务或海量信息而生的。

第 8 章
专注就是力量，集中精力做最重要的事

选择性注意有两种不同的模式：

- **自上而下**。自上而下的关注以目标和目的为导向。它负责看到更宏观的画面，并利用以往的经验来解决问题，就像你在准备大型展示会，或试图解决一个难题时一样。
- **自下而上**。某些东西会突然抓住你的注意力，这就是自下而上的关注，比如那些讨厌的"乒乒乓乓"声、"叮叮"声或通知铃声。你会情不自禁地去关注周围发生的事情，把注意力转移到手边更直接的事情上，比如看到一块碎玻璃或听到敲门声。

问题在于你无法控制你的大脑使用哪种关注模式。尽管我们想保持自上而下的关注模式，但自下而上的关注照样能够借助周围的人和事这样的外部力量或情绪和信念这样的内部力量来通过我们大脑的过滤器。

换个说法来讲，我们有感官干扰和情感干扰。在咖啡店里，你的邻桌正在进行外在的对话，你自己的大脑里则在进行内在的对话。

比如，你正全力以赴地完成一个你一直拖延的商业计划。如果那些"叮叮""嘟嘟"响个不停的电话（一种消极的外部力量）就在你的周围，而你自己压力又很大（一种消极的内部力量），你将很难集中精力把那个商业计划做好。

绝对掌控
SPAN OF CONTROL

但是这种情况也有另外一面。如果你的桌子干净整洁，你下定决心工作到中午，并且已经在桌上放了一个老式的时钟（积极的外部力量），再加上你处于平静放松的状态（积极的内部力量），你无疑会发现自己更容易保持专注。把那个商业计划做出来？没问题。我们就做到了自上而下的关注。

不过，还有一个问题。各种力量也可以相互抵消，有时消极力量比积极力量更强大，尤其是存在内部消极力量的时候。如果你的工作环境没有科技设备，你的办公桌也很整洁，但你对经济状况感到焦虑，你仍可能难以保持专注。但是，让我们分心的通常不是周围事物的噪声，而是我们自己大脑中的噪声。耳塞、耳机和去到一个更安静的地方，可以消除外部噪声，但什么可以消除内部噪声？什么能消除我们给自己制造的问题、压力和焦虑？

虽然你不一定能控制你的大脑使用哪种关注模式，是自上而下，还是自下而上，但你可以控制你当下应该关注什么。怎样才能做到这一点呢？这就是理解你的控制范围至关重要的地方了。

专注或躁动，都是你的选择。

想象一下，如果你把所有的问题、担忧和情感干扰都摆到桌面上，它们看起来可能像这样：

第 8 章
专注就是力量，集中精力做最重要的事

两周内要完成的演讲稿，互联网，查看电子邮件，短信，Instagram，Facebook，Twitter，关于狗的视频，昨晚的对话，稍后我需要去健身房，我还需要发出那个提议，我需要预订航班，市场崩溃，我的保姆刚刚请了这个星期的假，谁来照看我的孩子，我需要交税，我喝了足够的水吗，选举，昨晚的海外灾难，我想这个周末去看那部电影，那幅画歪了吗，我能负担我孩子的大学费用吗，还有一件上学要买的东西，今天 10 个人辞职，那些鞋子多少钱，我不敢相信她今天早上说了这样的话……

对于你面临的每一件让你分心的事情，用过滤器过滤掉你不能控制的那些，比如关于他人、未来、假设情景、世界问题的事情，再过滤出你能够并且应该控制的事情，比如那些关于你、你的未来、你的行动和你的社区的事情。

然后，只看你能够和应该控制的那些事情，问自己 3 件事：

1. 这件事应该记在我的便利贴上吗？
2. 这件事对我今天要完成的目标有好处或重要吗？为你的孩子上大学攒钱可能确实是一个值得关注的目标，但是，如果你想要在截止日期前完成演讲稿或商业计划，却因为一个今天无法解决的问题分心，这只会分散你实现当下目标的注意力。即便这件让你分心的事值得去想，它

也仍然是让你分心的事。

3. 这件事现在可以控制吗？有些事情总体来看是可控的，这可能没问题，但你此时此刻做的事情真的能解决或改变这种担忧吗？

如果你划掉所有不可控和无益的干扰，你的内心对话更应该像这样：

两周内要完成的演讲稿，~~互联网~~，查看电子邮件，~~短信~~，~~Instagram，Facebook，Twitter~~，~~关于狗的视频~~，~~昨晚的对话~~，稍后我需要去健身房，我还需要发出那个提议，我需要预订航班，~~市场崩溃~~，~~我的保姆刚刚请了这个星期的假，谁来照看我的孩子~~，~~我需要交税~~，~~我喝了足够的水吗~~，~~选举~~，~~昨晚的海外灾难~~，~~我想这个周末去看那部电影~~，~~那幅画歪了吗~~，~~我能负担我孩子的大学费用吗~~，~~还有一件上学要买的东西~~，~~今天10个人辞职~~，~~那些鞋子多少钱~~，~~我不敢相信她今天早上说了这样的话~~……

还剩下什么？

完成演讲稿，电子邮件，锻炼，发送提议书，预订航班。

如果你这样做了，你就会发现有些事情是有时间限制的，它们的

第 8 章
专注就是力量，集中精力做最重要的事

优先级不同，需要的时间和精力也不同。有些人总说应该先从大事情做起，我却一直建议先从小事着手。这都是关于优先级和时间管理的内容。

1. 先把航班订好。这可能需要 10 分钟？
2. 这个提议书已经完成好几天了，你一直急着把它发出去，放下你的骄傲，现在就发出去吧！搞定了！
3. 敲几封电子邮件。（仅供参考：就控制范围而言，Outlook 和 Gmail 中的"暂停"按钮是一个了不起的工具。如果在回复之前你需要更多的信息，那就等你确定会得到相关信息之后再写。如果你今天没有足够的时间，那暂停一天，等你有时间了再写。）
4. 现在到做大事的时候了。留出四五个小时来完成这篇演讲稿。为你想完成的工作量设定一个明确的目标，努力工作，直到达到目标。如果你因为消极的内部力量而有一段时间工作不顺，试着在你状态好的时候继续。
5. 以一些自我照护的方式来结束或开始你一天的工作，并确保进行锻炼。就个人而言，我是一个喜欢晨练的人，因为它能让我的大脑运转起来，让我获得一天中的第一个愉快的小胜利。一天的工作结束时，我会变得头昏脑涨，宁愿窝在那里一边吃东西一边在奈飞上看电影。

这么做会让你从完成 20 件事变成完成 5 件事，而且只有 5 件事，

绝对掌控
SPAN OF CONTROL

事情越少越好。前3件事可以用更少的时间来完成，所以一旦这3件事都被处理掉，真的就只剩下2件事：工作量大且可怕的演讲稿和你从未成功进行的锻炼。当焦虑悄悄袭来，或者其他更多的事情突然出现，开始让你不堪重负时，回过头来问自己下面这两个问题：

- 这件事对我今天要完成的目标有好处或重要吗？
- 这件事现在可以控制吗？

然后把你的精力和注意力重新集中到这2件你现在需要完成的事情上。完成演讲稿，锻炼。完成演讲稿，锻炼。完成演讲稿，锻炼。

将你的时间、精力和资源用于应对那些有意义的挑战！

SPAN OF CONTROL 注意力分散消除器

把你现在要做的事情和你脑子里想的事情都列一个清单。我指的是所有的事情。

清空大脑。当我们开始写下自己的想法时，通常从左脑冒出来的东西一直在潜意识里分散我们的注意力。根据需要列出尽可能长的清单。

现在，浏览一下清单，并问自己一个问题：这件事现

第 8 章
专注就是力量，集中精力做最重要的事

在可以控制吗？如果不可以，划掉它。

然后再问：这件事对我今天要完成的目标有好处或重要吗？如果无关紧要，划掉它。

现在把剩下的事情写下来，并确保根据重要性和给你带来的负担程度、清醒程度和兴奋程度来确定优先顺序。理想情况下，你写下的不应该超过 5 件事。如果超过了，你很可能需要在另一天留出时间来处理多余的事情。

清理待办事项清单

据说有一次当飞机准备起飞时，巴菲特走到当了他 10 年私家飞行员的迈克·弗林特（Mike Flint）面前，对他说："你还在为我工作，这说明我没有尽到自己的职责。你应该走出去，追求更多的目标。"他们聊了一会儿生活和职业中的优先事项，然后巴菲特带着弗林特完成了一个简短快速的流程，也就是现在众所周知的 5/25 法则。

巴菲特要求弗林特做的第一件事是，列出他一生中最想实现的 25 个目标。弗林特列出清单后，巴菲特让他在自己最重要的 5 个目标上画圈。

巴菲特当时问弗林特："你确定这些对你来说绝对是最重要的吗？"

绝对掌控
SPAN OF CONTROL

弗林特回答说:"是的。"

简短讨论后,弗林特对巴菲特说:"沃伦,这些就是我目前生活中最重要的事情,我会马上着手处理它们。我明天就开始。不,我今晚就可以开始。"

巴菲特回答道:"但是你单子上列出的其他 20 件你没有圈出来的事情怎么办?你有完成这些事的计划吗?"

"嗯,前 5 件事是我的主要关注点,其他 20 件紧随其后。这 20 件事仍然很重要,所以当我在完成排名前 5 的事情的过程中,我会在我认为合适的时候陆陆续续地去做剩下的这些工作。这些事并不很紧急,但我仍计划为它们全力以赴。"

"不,你搞错了,迈克,"巴菲特说,"你没有圈出的那些都是你应该尽可能避免去做的。无论如何,你都不能再关注这些事情,除非你成功地把前 5 件事做完了。"

"对有些事情说'不'"是获得最佳关注点和明确成功的关键。巴菲特就如何实现你最大的人生目标给出了建议,你也可以运用这条规则来帮助自己处理日常琐事。

> SPAN OF CONTROL
>
> **"对有些事情说'不'"是获得最佳关注点和明确成功的关键。**

第 8 章
专注就是力量，集中精力做最重要的事

SPAN OF CONTROL

5/25 法则

第 1 步：写下你最重要的 25 个目标。

_____
_____
_____
_____
_____
_____
_____
_____
_____
_____
_____
_____
_____
_____
_____

绝对掌控
SPAN OF CONTROL

_____

_____

_____

_____

_____

第 2 步：在排名前 5 的目标上画圈。

第 3 步：把剩下的目标都划掉。

专注于你排名前 5 的目标，记住对其余目标说"不"。

记住这一点：你决定不做什么决定了你能做什么。你的"不要做"清单上事情的数量应该远远超过"要做"清单上事情的数量。试着每天最多做 3 件事，并且要牢牢记住：你每天、每年和一生中都有不同的待办事项。

SPAN OF CONTROL

> 你决定不做什么决定了你能做什么。

在我当前的工作中，我遇到了一些极具魅力的人，他们有着克服挑战和巨大障碍的非凡经历，同时还找到了为自己和他人创造成功的方法。

第 8 章
专注就是力量，集中精力做最重要的事

惠普公司的 CEO 安东尼奥·内里（Antonio Neri）就是这样一个人。我曾有幸与他的团队一起工作，我们就内里及其团队的发展历程进行过几次精彩的对话。谦逊、亲切、善良的内里不仅对技术及用技术改善生活的前景充满热情，而且对与他一起工作的人也充满热情。

他关注的重点首先是服务客户，然后是企业创新，以及创造能产生高绩效和创造力的企业文化，这种文化可以让企业的管理者们能够快速做出决策。领导企业、理解人们的心理、将技术语言转化为商业成果、讲故事这些现在对他来说似乎很容易的事情，都是他通过努力工作、积累经验和专注于他的控制范围学到的。

内里在意大利出生，在阿根廷长大，年仅 15 岁时就跟人学习工程，在海军中帮助维护战斗舰艇。他维修的阿根廷舰艇中有一艘名为"贝尔格拉诺将军"号的轻型巡洋舰，在马岛战争爆发时，它被一艘英国潜艇击沉，船上有 323 人丧生。

我和内里的团队一起工作时，他回顾了那段令人痛苦的经历，但也忆起在那段悲痛和难以承受的日子里，他是如何被集体意识和人们互相照顾的方式所打动的。

他一生只专注于他能控制的东西，通过努力学习获得了工程学学位，并成为艺术和绘画教授。他有意识地寻找导师，积极接受各种"延

绝对掌控
SPAN OF CONTROL

展性任务"[1]。他来自拉丁美洲，移居美国之前在欧洲也工作过一段时间。最初他在惠普的一个呼叫中心工作，目标是有一天能成为总经理。凭借他的工程背景、能说4种语言的多语种技能，以及不断学习和保持好奇心、将务实和实践结合在一起的付出精神，他充分利用了每一次机会。

当我们一起谈到我关于绝对掌控既是工具又是咒语的想法时，内里的反应很热烈："你必须不断提高标准，并保持对优先级的明确关注。在面临挑战和不确定性的时候，你要加倍重视执行力和团队文化。也就是说，问问你自己，也问问你的团队：'我控制范围内的事情是什么？'"

提醒你自己和你的团队，不确定性带来的挑战和机遇：

- 心态决定一切，你必须保持积极，坚持以解决问题为导向；
- 知道你想要的具体结果；
- 紧急执行你的目标、愿景和战略；
- 接受不适；
- 在不确定的时候挺身而出，发挥领导作用，不要等着别人邀请你去改变现状；
- 致力于持续学习；
- 坚持不懈地关注顾客、客户和合作伙伴的需求。

[1] 指派员工做一些可以让他们自我挑战，并超越以前工作的任务来延展能力。——编者注

第 8 章
专注就是力量，集中精力做最重要的事

内里强调，不仅要庆祝团队的成功和进步，还要继续努力争取更大的成功，这两点都很重要。"加速，加速，加速。未来属于快速行动的人。"这就是为什么你和你的团队必须通过不间断地工作来理清复杂的事情，找出应该删除的任务，并让你的待办事项清单反映出你最重要的优先事项。

> SPAN OF CONTROL
>
> 加速，加速，加速。未来属于快速行动的人。

记住第 5 章里的那句话："如果丢掉了目标，你就输掉了战斗。"

如果你看不到你应该做的最有价值的工作会怎么样？你肯定会输掉这场战斗。记住：专注就是力量。如果你削弱了专注会怎么样？你的力量也就会被削弱。

SPAN OF CONTROL

绝对掌控指南

- 你在什么时候注意力最集中？记下可能起作用的外部和内部因素。
- 你的盘子里有什么东西可以丢出去，让你腾出一些空间吗？
- 问问你自己：为什么你觉得自己很难对某些事情说"不"？

SPAN OF CONTROL

第 9 章

从可控部分入手，实现困难又大胆的目标

用小胜利、小目标和小型庆祝活动来激励自己,不仅有助于你获得更大的成功,也会给你带来更多的乐趣。

Keeping yourself motivated and encouraged with little wins, smaller goals, and minicelebrations not only helps you to be more successful—it's also way more fun.

第9章
从可控部分入手，实现困难又大胆的目标

很小的时候我就知道，有一天我会成为一名飞行员。飞行是我的天性。我和哥哥从小玩着父亲的丝绸地图和他在美国海军陆战队当飞行员时的飞行装备长大，我们假装像父亲一样也是飞行员，还会表演想象中的那些大胆的特技。鉴于这一传统，在孩提时代我和哥哥就坚信我们注定要进入驾驶舱，我们都猜对了。

对任何人来说，通往飞行员生涯的道路都是一个挑战，不管你有多大的动力和天赋。然而，小时候的我不知道的一点是，因为我是一个女人，要想成为飞行员还需要额外的勇气。最重要的是，当我在威斯康星大学麦迪逊分校读本科时，我就下定决心不只是成为一名飞行员，我还想成为一名海军飞行员，在飞行员领域这是一个令男人都梦寐以求的头衔。对于一个女人来说，尤其是在20世纪90年代，树立这样的目标似乎很愚蠢。然而，这就是我想要的一切，我一直紧紧地抓住这个梦想。

绝对掌控
SPAN OF CONTROL

任何人走进海军航空部队的第一步，都是成为一名海军军官。对我来说，实现这个目标的最好的办法，是申请AOCS。我哥哥就在AOCS上学，他是我的榜样，也鼓励了我。然而，AOCS的申请过程令人生畏。1990年夏天，我在没有任何飞行经验的情况下提出入学申请。我不是航空航天工程专业出身，我拿到的是心理学和社会学双学位。我不确定在入学考试中该怎么做，这些考试测试包括数学能力、阅读能力、机械原理理解力、空间感知以及航空和航海知识。我坚信，只要我做好准备，仔细阅读学习指南，考试就没问题，但也没有百分百的把握。我也知道，即使我被录取了，成功进入AOCS的人之中也只有少数几个会获得珍贵的飞行员勋章，只有极少数海军飞行学员会成为航母战斗机的飞行员。

就在我大学毕业，准备申请进入AOCS的时候，我哥哥从这所学校毕业了。1990年5月，我去彭萨科拉参加哥哥的毕业典礼，并结识了他的朋友，都是像他一样的航空预备军官。一天晚上，我们一群人去了弗洛拉–巴马酒吧，这是一家具有传奇色彩的海滩酒吧，位于亚拉巴马州和佛罗里达州交界处。喝了几杯啤酒后，我们的谈话自然而然地开始流畅起来。这些人都把我当成他们的"小妹妹"，当这些新军官得知我也想学飞行时，立刻铺天盖地地问这问那。大多数人都支持我，认为这很"酷"，另一些人认为我疯了，他们中的一些人说："长这么漂亮你为什么要干这一行？"那天晚上，在弗洛拉–巴马酒吧聚会的这些人中，有一个强烈反对我去当什么海军飞行员。

第 9 章
从可控部分入手,实现困难又大胆的目标

那是一个与我年龄相仿的人,他认为女人不应该参加战斗,这还是我第一次遇到这种情况。这个新反对者立场非常坚定,他宣称女人应该是家庭和家人的守护者,不应该参与战斗。他的话让我非常震惊。这个人谈吐得体,也受过大学教育,还是我哥哥的朋友,可他怎么像个"老古董"呢?

随着他的陈述,我们之间划清了界限。我们都为自己的立场争论,差不多是在酒吧的噪声中大喊大叫。到聚会结束时,我们不得不承认,我俩在这一点上有不同意见。他是一个可爱的南方男孩,来自路易斯安那州,是一个纯粹的卡津人[①]。他的观点根深蒂固,非常传统。我尊重这一点,我也知道自己可能无法改变他的看法。

但是这种直率的观点让我震惊。一个不认识我,也不知道我是否有能力成为一名海军飞行员的人,怎么能第一句话就对我说"你不属于这里"呢?对我来说,这太疯狂了。20世纪40年代的军队里就已经有女飞行员了,难道他不知道吗?

毕竟,我和这个人一样想为我的国家服务!我也和他一样被海军飞行员和它所珍视的文化所吸引,那就是使命为先,这是一种战士的心态——就像他那样。我知道这本身就够难的了,但现在我不得不面对一个事实:我必须和内部的一些人斗争。如果将来可能和我共事的人反对我加入他们,那我是不是就不可能完成这个目标了?当受到挑

[①] 居住在路易斯安那州的法裔加拿大人的后代。——译者注

绝对掌控
SPAN OF CONTROL

战时，我有力量表达自己的信念吗？

我哥哥的这个朋友不是第一个，也不是唯一一个对我的梦想提出批评的人，远远不止这一个。在我成为一名海军战斗机飞行员的过程中，有好几个人曾对我说过，我的目标不切实际，我的梦想完全是愚蠢的。我的意思是，别人对可能性的看法肯定不在我的控制范围内，但有那么一些日子，这些看法真的自然而然地对我产生了影响。

自我怀疑会困扰我们所有人。不幸的是，目标越大，内部和外部的不确定性就越大。不过，有一条路可以从中穿过去。我告诉自己：忽略那些讨厌的人，努力工作，不管结果如何，你都会学到新的东西。如果你不能把犹豫和怀疑放到一边，大胆地坚持自己的信念，这些梦想就很可能永远不会实现。结果可能就会是航班没赶上、书没写完、升职无望、公司停滞不前、团队解散等。

> **SPAN OF CONTROL**
> 目标越大，内部和外部的不确定性就越大。

我们经常听到人们谈到宏伟大胆的目标（Big Hairy Audacious Goals，BHAGs），即人们所说的那些想实现但似乎不可能实现的目标。了解绝对掌控的目的是设定既远大又艰难的目标，而不仅仅是 SMART[①] 目标。在当今快速发展、创新和不断变化的世界

[①] 即 Specific（具体的）、Measurable（可衡量的）、Achievable（可实现的）、Realistic（现实的）、Time-bound（有时限性的）。——编者注

第 9 章
从可控部分入手，实现困难又大胆的目标

中，我们需要追求的是有难度的目标，那些能推动我们、挑战我们、给我们进步感的目标。研究表明，人们在追求困难、大胆、艰难的目标时，确实会感觉到更多的乐趣。

> **SPAN OF CONTROL**
> 我们需要追求的是有难度的目标，那些能推动我们、挑战我们、给我们进步感的目标。

这并不是说所有远大的、大胆的目标都值得追求。并非所有的梦想都是同等地位的。当然，有时候目标和你的现状之间的差距非常大，它会成为一个消极的因素，而不是一个激励和鼓舞的因素。关键是要设定一个伟大目标，并为自己设定一个清晰的、循序渐进的实现路径。

最高效的领导者和员工都会花时间去做这件事，因为他们知道，通过这种有效的方法，他们可以确定哪些是自己应该做的最重要的工作。迈出这一步也有助于他们分清轻重缓急，并对那些可能会占用他们时间的不太重要的事情说"不"。

SPAN OF CONTROL 写出宏伟大胆的目标

言简意赅地写下你的目标。

你的目标

_____

_____

绝对掌控
SPAN OF CONTROL

_____

_____

_____

目标清晰了，才能成大事。为了明确你的目标，问自己以下问题：

成功是什么样子的？

_____

_____

_____

为什么这对我或我的团队很重要？

_____

_____

_____

可能吗？我有可能做到吗？

_____

_____

_____

第 9 章
从可控部分入手,实现困难又大胆的目标

如果我没有实现这个目标,这会给我或我的团队带来什么后果?

_____
_____
_____

完成这一步之后,接下来就该确定基本要素了:什么事,谁,为什么,什么时候,如何做。对我来说,就是如下这么简单:

- 什么事?成为一名海军战斗机飞行员。
- 谁?你这么做到底是为了谁?我和我的国家。
- 为什么?我喜欢在 35 000 英尺的高空从驾驶舱鸟瞰整个世界,我喜欢做有意义的、改变世界的工作,这些工作对个人和职业来说都具有挑战性和成就感,我喜欢与一个肩负使命的团队一起工作。
- 什么时候?申请截止日期:1 月中旬。
- 如何做?这是大多数人的目标戛然而止的地方。写下你的行动方案。

什么事:_____
_____

谁:_____

绝对掌控
SPAN OF CONTROL

为什么：_____
_____
_____

什么时候：_____
_____
_____

如何做：_____
_____
_____

目标越大，收获越大

安东尼·德·圣埃克苏佩里（Antoine de Saint-Exupéry）曾说："没有计划的目标只是一个愿望。"你以前可能读到过这句话。然而，你对说这话的人了解得越多，产生的共鸣就会越深。

众所周知，圣埃克苏佩里是深受人们喜爱的童话《小王子》的作

第 9 章
从可控部分入手，实现困难又大胆的目标

者。同时他也是一位著名的飞行员，从小就具有他自己所说的那种"对飞行的强烈渴望"。他在第二次世界大战中表现得非常英勇，在多次事故中幸存。1944年的一天，在盟军入侵法国之前的一次侦察任务中，他的飞机在地中海上空失踪。根据推算，圣埃克苏佩里死亡时年仅44岁，但他实现了一个又一个目标，在自己短暂的一生中成功地取得了超过数十年价值的成就。

据报道，他因患有抑郁症而未能通过法国海军学院的入学考试。在随后的几年里，他一直在治疗因飞行引起的各种伤病。尽管如此，他不仅为自己的国家飞行了几十年，还写了畅销书和著名的新闻报道，并成为法国的主要发声者。他经常呼吁他的同胞团结起来，并敦促美国加入反对纳粹政权的战争。

尽管面对很大的压力，但是圣埃克苏佩里显然是一个实干家，一个用清晰的计划支持自己目标的人，一个能够坚持到底的人。当谈到这个善于创新的飞行员时，还可以挖掘出更深层的东西。他的一生及其传说都指向一个永恒的信条：认识到保持孩子般的好奇心和崇高的愿景的重要性。

圣埃克苏佩里的生活与我们大多数人设定目标的方式形成了鲜明的对比。我们被"1月1日是一个新的开始"的想法所诱惑，所以我们制订了崇高但不明确的新年目标，最后没能坚持到底。我们在这方面做得太差了，所以80%的新年目标到了2月就坚持不下去了。

绝对掌控
SPAN OF CONTROL

当设定一个新的目标时，我们体内的多巴胺会激增。设定我们想去的地方，感受某种可能发生的事情，这种感觉很好。在一年中的任何时候，我们都可以通过设定一个新的目标来重新凝聚新年的干劲，无论是减肥、改善我们的婚姻状况、开始一个新的创造性项目，还是达到一个收入目标。但坚持到底并不那么有趣，我们大多数人也做不到这一点。

我们无法坚持到底的主要原因是什么？主要有3点：

1. 缺乏清晰的目标；
2. 缺乏纪律性；
3. 缺乏责任。

为了实现最重要的目标，我们必须做3件事：目标清晰、遵守纪律、负责任。

目标清晰

要想在任何领域都成为高效率的人，你必须弄清楚自己想要达到的目标。光有伟大理想是不够的，没有清晰的目标和专注力，一旦有更紧迫的事情

SPAN OF CONTROL

> 要想在任何领域都成为高效率的人，你必须弄清楚自己想要达到的目标。

第 9 章
从可控部分入手，实现困难又大胆的目标

出现，伟大理想就会消失得无影无踪。

如果我们不清楚自己的目标，就会进入被动反应模式。我们只能去对付那些离船最近的鳄鱼：我们开始贸然行事，被动应对工作中不断变化的优先事项和方案，照顾生病的亲人，在社交媒体上打发时间，想着"如果我……就好了"。我们陷入困境，甚至连迈出一步的勇气都没有。我们曾经思考过或梦想过的目标在日复一日的不堪重负和混乱中逐渐消失。最终，我们把大量的时间、精力和金钱浪费在那些与我们真正想要的东西没有多大关系的事情上。

随之而来的是什么呢？失败的目标，错误的开始，失望，冷漠，以及更多的不堪重负。

情绪跟随行动。你必须先采取行动，然后再等感觉的到来。总会有比你清单上更多的事情要做。这就是为什么你需要明确地把目标视为一种分类工具，它可以告诉你什么是真正重要的，什么是不重要的，不管它在那一刻看起来有多重要。不要把你的目标和你的待办事项混淆。

什么是清晰明确的目标？就是 WINS。清晰明确的目标应该要：

- 写下来（Written down）；
- 鼓舞人心（Inspiring）；

绝对掌控
SPAN OF CONTROL

- 有必要性（Necessary）；
- 有行动计划支持（Supported by an action plan）。

写下来：如果你想在混乱中回忆起你的动机和目标，那就写下来！神经科学研究告诉我们，如果你能生动地描述、写下或构想出你的目标，然后把它放在一个容易看到的地方，如贴在你的笔记本电脑、冰箱或浴室的镜子上，你成功实现目标的可能性几乎是那些不这样做的人的 1.5 倍。

写下你的目标和动机并做成视觉提示，是一个在遇到困难时给自己一个坚定的激励的好方法。如果你已经描绘出一幅生动的成功画面，当你想要放弃的时候，就可以从这幅画面中得到鼓励。

在不确定或情况混乱的时候，设定一个目标，规划一个行动方案，每天都朝着这个目标前进。

在驾驶 F-14 战斗机的群体中，我们的口号是："随时奉陪！"它被 F-14 飞行员用粗体字母绣在一小块地方上，突出地展示出来，旁边是一只精神抖擞、举枪瞄准的"雄猫"吉祥物。这句话最初是 F-14 与美国空军的 F-15 鹰式战斗机在空战中单挑时提出的，最后 F-14 占了上风。"随时奉陪！"这句话从此成为 F-14 战斗机飞行员和他们飞机能力的一个强有力的、统一的声明。这不是一个混乱的目标，不是软绵绵的哲学，也不是企业中表示"感觉良好"的评论语。它被写了

第9章
从可控部分入手，实现困难又大胆的目标

下来，清楚地写了出来，目的就在于指导行动。

鼓舞人心：在确定并改进你的目标时，重点是要能真正鼓舞、刺激和激励你。你会惊讶地发现，有很多人的目标并不是他们自己的，而是老板的、父母的、孩子的、配偶的或是朋友的。为一个无法鼓舞自己的目标而努力，会让你感到疲惫，没有动力，并且容易启动自动决策系统。鼓舞人心是从得过且过转变到奋发图强的动力。

有必要性：就像往"水桶"里放入任务时一样，在创建目标的时候，你必须有意识地去做你认为关键的、重要的或者更好的事情。这意味着设定一个远大目标的同时，要确定实现目标的合理的小步骤。例如，如果你的目标是体重减轻9千克，新鲜的食物是关键，测量形式很重要，拥有一张漂亮的健身卡就更好了。如果你的目标是做一个成功的播客，清晰的思路、剧情计划和音频设备都很关键，营销计划很重要，能邀请到超级明星嘉宾就更好了。不要把优先顺序搞混了，否则你很快就会失望和气馁。首先关注关键因素，其次才是重要因素，把"有了也很好"的因素当作蛋糕上面的樱桃点缀即可。

有行动计划支持：我们首先写下目标，然后拿出行动计划。制订计划，执行计划，如果这个计划不可行的话，你还有一个记录可以参考。你可以追踪哪些步骤可行哪些不可行。这些步骤不仅给你一种有效的控制感，而且在你不堪重负的时候，它们还能给你提供一张回到原点的路线图。

绝对掌控
SPAN OF CONTROL

WINS 是确保你的目标不仅具有挑战性，而且清晰、可衡量、可实现、可信并有你想要的具体结果的最佳方式。但这只是第一步。下一步也是更难的一步，是遵守纪律，朝着目标努力。

遵守纪律

当我们试图弥合"我们想要的"和"我们正在采取行动实现的"两者之间的差距时，生活便会产生阻碍。保持在正确的轨道上和排除干扰都需要遵守纪律。当我们设定组织目标，尤其是那些需要文化变革的目标时，领导者在与团队沟通时需要坚持不懈、耐心和勤奋。

> SPAN OF CONTROL
>
> 保持在正确的轨道上和排除干扰都需要遵守纪律。

在设定目标时，我们大多数人从来不会问自己一个至关重要的问题：你目前是否具备了取得成功所必需的自律、习惯和思维框架，使自己能够成为一名高效能的职员？或者，这是不是你需要提升的领域？

我希望你思考一下这个问题，回答时要非常诚实。培养勇气去承受更多的要求，如跑马拉松，而不是短跑。

你是否有耐心与团队成员保持接触，相互提问，并探讨潜在的

第 9 章
从可控部分入手，实现困难又大胆的目标

问题？你会鼓励和支持那些冒着极大风险去推动工作并创新的团队成员吗？你愿意寻求诚实的反馈吗？你是否已经制订好了严格执行计划的流程？你目前在计划和总结汇报两方面都严格遵守纪律吗？你是否一直致力于发展和提高你和团队成员的专业技能？你是否在不断努力学习？

实现目标需要纪律。容易吗？不容易。值得这么做吗？绝对值得。

负责任

责任感不应该只是一个简单的词语。缺乏责任感是我在当今美国企业中看到的最大缺点之一，也是士气的破坏者。目标设定后，最后期限被错过、调整或不断延迟，然后把所有责任归咎于某个团队或部门；这样一来，你将永远无法实现或保持高绩效。如果我们无须为自己所从事的工作和表现负责，就会导致士气受挫，绩效下降，标准一再降低。

责任感包括坚持不懈和诚实有效地追求目标。能够克服困难并为自己的决定所带来的结果承担责任，这是需要勇气的。如果我们认为某件事很重要，那么我们最好继续把它做下去。搞清楚你对自己参与的每件事情所承担的责任比例是多少。问问你自己：我承担的是其中的哪一部分？当你学会在责备他人之前对结果负责时，你会对你和你

绝对掌控
SPAN OF CONTROL

的团队所能取得的成就感到惊讶。

我们通过总结汇报等流程相互问责。在问责过程中，我们都承诺会虚心接受批评和反馈，并不断寻求改进。如果有人落后，我们会过去助一把力，给他们提供相应的支持。

针对我们在 AOCS 面临的每一次挑战，无论是在直升机、A-4 天鹰战斗机、F-14 雄猫战斗机还是 F/A-18 大黄蜂战斗机上，当飞行结束后，我们都会回到简报室进行总结汇报，并如实报告情况。没有任何借口，没有任何戏剧性情节，没有推脱。那是一个高风险、高回报的环境，我们身处其中，不断努力让自己变得更强。

无论你是以团队还是个人的形式评估绩效，关键点都是要确保能产生正确的结果并达到绩效标准。如果没有对自己和他人负责的评估或方法，那么"什么都行"的方法最终会导致灾难。问问你自己：你达到期望了吗？是什么导致了目前的情况？

责任是我们对自己和他人做出的真诚承诺，要跟进并贯彻到底。当你处在危险的边缘时，你必须知道每个人的角色和该承担的责任。你要慢慢弄明白，哪怕是一丁点的支持也可以助你走很长的路。

SPAN OF CONTROL

> **责任是我们对自己和他人做出的真诚承诺，要跟进并贯彻到底。**

第 9 章
从可控部分入手，实现困难又大胆的目标

在商界、团队和家庭中，你希望大家每天都能认识到他们之间相互依赖的关系，认识到互相支持不是某种义务或负担，而是一条积极、令人满意的高绩效之路。特别是在困难和具有挑战性的时期，团队合作可不是说只有在自己方便的情况下才去帮助他人。

在预算、重要约会、新冠疫情、在家工作和不确定的未来这些日常混乱中奋力挣扎，很容易让你忽视大局，这时候就需要我们与队友进行有效的相互支持。在海军中，相互支持是我们对"团队合作"一词采用的说法，它意味着我们之间要互相扶持。

如果你做事不能坚持到底，或者不能坚持按时完成任务，别人怎么会信任你？人们怎么会将至关重要的任务委派给一个自己不信任的人呢？你周围的人不可能只是为了看看会议是否还在进行，或者想知道今天你是不是会准时出现，就一而再再而三地亲自察看。在海军中，我们说到就会做到，仅此而已。其他地方也是如此，你的团队希望你尽力而为。

你做出的每一个光荣的决定，无论是对你个人和职业发展负责，而不是玩弄办公室政治来获得晋升，还是准确陈述销售预测数字，而不是说一些你认为经理爱听的话，或者只是告诉一名团队成员"对不起，我犯了一个错误。我该如何弥补呢"，这些做法都会增

SPAN OF CONTROL

利益和权力是暂时的，与信任你的人建立良好的关系却是永远的。

强你自己的诚信和团队对你的信任。利益和权力是暂时的，与信任你的人建立良好的关系却是永远的。

分割大目标，庆祝小胜利

你已经设定了你的宏伟大胆的目标，你也弄清楚了 WINS，你已经准备好做出牺牲，那就卷起你的袖子，开始行动吧。但是如何对待小胜利呢？

我们都知道如何吃掉一头大象的老笑话，答案就是一次吃一口。这是一个笑话，但它蕴含着真理的种子。如果你开始把你的大目标分解成一个个小目标，而不是试图一次吞下整头"大象"，你就会增强自己的韧性，降低自己心灰意冷的风险。

在 AOCS 学习期间，有那么几天，在进行上千次开合跳训练时，我觉得我的小腿好像要爆炸了。在飞行学校期间，当我背到第 7 本书的时候，我感觉我的大脑好像一锅粥。上次新冠疫情封闭期间，当我的团队取消了数百项活动后，我感到心灰意冷。然而，在每一个转折点，在每一次努力中，尽管人们会说"我无法再坚持三个月了"之类的话，尽管我肯定也有这种感觉，但我会从另一个角度来看问题："我能坚持到午餐时间"或者"我能撑过接下来的 5 分钟"，或者"我能再做 50 个"。

第 9 章
从可控部分入手，实现困难又大胆的目标

这种视角会给你带来动力，让你继续进行下一组开合跳，背下一本书，完成下一个可能重新安排的事件。小目标让你能够专注于当下的事情，而不是遥远未来的一个无法承受的目标。

> **SPAN OF CONTROL**
> 小目标让你能够专注于当下的事情，而不是遥远未来的一个无法承受的目标。

请记住，一步一步来，你就不会忘记既定的宏伟大胆的目标，你就会承诺完成接下来的 5 分钟，成为下一批登山者，完成下一次空气动力学测试，参加下一次客户活动。就这样一口一口地吃下"大象"，你会逐渐靠近真正的目标。

一次吃一口，这个方法的美妙之处在于它很像市面上流传的心理学 101 守则。

几乎每个人生来都渴望提高自己、取得进步。我们都想做得更好。当你把一个困难的任务分解成几个更容易处理的步骤时，你便会逐渐看到进步，这满足了你天生的掌控欲。这种驱动力一旦被激起，当面对挑战时，你就会得到正面的强化。你也会为迎接新的挑战做好更充分的准备。

团队也是如此。作为一名领导者，你的工作是充当催化剂，将你的团队凝聚在一起，产生对共同愿景的认同感，并在前进的道路上进行正面强化。积极向上的心态令人振奋，也极具感染力。它像润滑油

绝对掌控
SPAN OF CONTROL

一样让你的团队机器平稳运转，确保所有部件配合良好。如果你能做到把别人的渴望放在心上，你就能激励他们去创新，超越"足够好"从而做到更好。即使在不堪重负、充满不确定性和危险性的时候，也要保持乐观，向前看，将障碍视为机遇。

创造小一点的可实现的目标可以使你建立信心，培养勇气，战胜压倒你的一切。这些较小的目标也给你和你的团队更多的机会来庆祝你们正在做的艰苦工作。庆祝活动可能是保持动力、灵感和生产力的最佳方式之一。

还记得小时候你和你的朋友每次表现得很好时的那种热情吗？例如，在篮球场上投中一球？你会马上击个掌。从对方手中夺球成功？多击几次掌，还会看到周围的笑脸，听到欢呼！

庆祝成功是高绩效团队的一个标志。花点时间庆祝成功可以建立个人信心，让你可以更轻松地继续努力去实现这些目标。戈特－让·佩平（Gert-Jan Pepping）在 2010 年针对足球运动员的一项研究中发现，以最大的热情庆祝每一次进球的球队通常会赢得比赛。这不是开玩笑，他们热情的行为是一种积极的动机。庆祝是有感染力的，它会带来进一步的成功。

> SPAN OF CONTROL
>
> 花点时间庆祝成功可以建立个人信心，让你可以更轻松地继续努力去实现这些目标。

第9章
从可控部分入手,实现困难又大胆的目标

这是一个令人信服的论点,确保庆祝你团队的每一次成功,让每个人都为自己所做的事情感到自豪,并意识到他们是高绩效大家庭中的一员。如果你所在的是一个全面的、团结的团队,办公室里就应该经常响起"干得好!"这句话,来作为确认战胜困难的方式。我们期望大家有时间能聊聊团队在过去都做对了哪些事,目前要往哪方面发展,这么做很有成效。

从什么时候开始,我们忘掉了如何去庆祝我们获得的那些较小的成功?我们什么时候变得这么忙了?我们是不是觉得这已经不重要了?尤其是在危机时刻,我们可能发现自己只是在向下一个挑战、下一个目标前进,却想不起来去享受获取的每一个成就。

我看到越来越多的人把庆祝这件事忘在了脑后,这意味着我们忘记了我们确实是在一步一步地朝着我们的目标前进。

这让我想起了圣埃克苏佩里的故事,一名成年飞行员与他的内心自我相遇的故事。有时候,你的梦想能让你超越逻辑和现实。你得像篮球场上的孩子们一样狂欢。你必须争取大获全胜,拓展你的创造性思维和心态,超越你和其他人认为可能的范围。

不要为小事烦恼,庆祝一下吧。用小胜利、小目标和小型庆祝活动来激励自己,这不仅有助于你获得更大的成功,也会给你带来更多的乐趣。

绝对掌控
SPAN OF CONTROL

SPAN OF CONTROL

庆祝获得的胜利

你想完成哪些较小的目标？想想今天、这个星期或者这个月想要做的事，然后列出几个较小的目标。这些事可能小到如"洗车"或"完成我一直延期的医生预约"。总之，列出一些可行的事情，然后在每件事情旁边设定一个严格的期限。有时候，让你的生活变得井然有序，或者结束一些拖延已久的待办事项，都是值得庆祝一番的！

待办事项示例：清理我的衣柜
截止日期：星期六
庆祝方式：和我的狗去公园

待办事项：_____
截止日期：_____
庆祝方式：_____

待办事项：_____
截止日期：_____
庆祝方式：_____

待办事项：_____
截止日期：_____
庆祝方式：_____

第 9 章
从可控部分入手，实现困难又大胆的目标

SPAN OF CONTROL

绝对掌控指南

- 你心中有一个清晰的宏伟大胆的目标吗？如果有，是什么在阻碍你去追求它？如果没有，什么原因使你没有设定一个这样的目标呢？
- 你是否感到灰心丧气、缺少动力？你上次庆祝一项成就是什么时候？
- 你愿意为你想要实现的目标做出牺牲吗？如果愿意，你愿意做出什么样的牺牲？

SPAN OF CONTROL

第 10 章
制订计划，让绩效最大化

一个清晰的计划可以在必要时给你提供清晰的路径去执行和调整。

A clear plan gives you crystal-clear path to execute and adjust as necessary.

第 10 章
制订计划,让绩效最大化

2019 年 3 月 25 日,早上 7 点 47 分,旅客们登上了从伦敦飞往德国杜塞尔多夫的航班。一些人是要去看望自己的家人和朋友,另一些人准备去开一整天的会。然而,所有人都惊讶地发现,他们没有降落在那个可爱的德国西部城市,而是降落到了……爱丁堡。飞行员没有驾机向东飞行,而是迷路了,向北飞去,于上午 9 点抵达苏格兰首府爱丁堡,此地距离杜塞尔多夫有 741 英里。

据报道,发生此次事件的原因是运营商给了飞行员和机组人员一个错误的飞行计划。如果你没有正确的计划,就绝对不可能到达你想去的地方,飞行计划的作用就是确保飞机到达指定地点。有趣的是,我很少见到有谁制订过什么飞行计划。我们中的大多数人就像那些乘客一样,一天一天漫无目的地生活,直到我们到达一个令人沮丧或后悔的地方。不过,我们没有降落在可爱的爱丁堡,而是降落在了美国的"疲惫城"或"失望镇"。

绝对掌控
SPAN OF CONTROL

虽然有些人也可能会为自己的职业生涯、不断壮大的家庭或者下一个假期制订计划，但对大多数人来说，他们从来没有为自己的人生制订过详细的飞行计划。但是，如果没有一个清晰的、标有里程标志和检查点的飞行计划，你可能会偏离轨道，失去对前进方向的控制。

在航空领域，有一种被称为"偏航因子"的东西，比如高空气流和风速，这些因素可能会使飞机偏离航线。或者当相关人员没有使用可用的清单、策略或程序时，可能存在程序偏航。在我们的个人和职业生活中，偏航通常是由几个原因造成的：

- 不知情。有时我们之所以会偏航，是因为我们不知道正在发生什么事，正面临什么样的危险。
- 压力和不堪重负。很多时候我们承担了很多本不该承担的东西。还有些时候，我们承担了能力之外的事情。
- 分心。也许新冠疫情从根本上改变了你的商业经营模式或工作状态。也许你这段时间工作特别忙，从而忽略了自己的身心健康。也许你太喜欢那个新的电视节目，你不停地追剧，而没有把下周要做的大型演讲的稿子赶出来。
- 自负和缺乏谦逊。当我们认为自己已经知道得足够多，或者不能心甘情愿地承认自己的错误时，自负就会给我们带来伤害。

第 10 章
制订计划，让绩效最大化

在驾驶舱中，偏离航线可能会产生某些致命的后果，它可能会导致飞机燃料耗尽、完全坠毁，或最终降落到错误的目的地。同样，在家庭和公司里，偏航的后果也会改变我们的生活。

通过制订一个具体的计划，然后遵循它，你的实现宏伟大胆的目标之旅将会变得轻松很多，压力也会小很多，从而提升成功的概率。如果你发现自己"偏航"了，那么只有制订一个清晰而专注的计划才能让你回到正轨。

> SPAN OF CONTROL
>
> 如果你发现自己"偏航"了，那么只有制订一个清晰而专注的计划才能让你回到正轨。

准备，执行，获胜

刚到飞行学校的第一天，我和我的海军飞行员同学们就学到了一些将永久改变我们操作方式的东西。这是一个看似简单的控制飞行操作的过程，对经营任何其他类型的业务同样实用。在科珀斯克里斯蒂海军航空站的小简报室里，我的第一位飞行教官明确表示，有一条通往高效的精确路径。所有的课堂教学时间，甚至在即将踏上海军飞机的那一刻，都是为了朝着这个简单的方法前进。

这个方法能帮助我们制订计划、执行计划并总结经验。我已经把这个过程归结为一个更简单直接的成功公式：准备，执行，获胜。

绝对掌控
SPAN OF CONTROL

　　第一阶段是准备。首先你得把人召集到一起，为正在讨论的行动或目标制订一个计划。接着进行第二阶段，执行。向参与计划的每个人介绍情况并开始执行计划，这属于行动部分。第三阶段是获胜。你们聚在一起听取总结汇报，然后分析复盘，并探讨下次如何做得更好。

　　很明显，从一开始我们就应该严格遵守这一流程。它已经成为我们工作方式的基础，哪怕是丢失其中的一小部分都会给我们带来压力，那是一种认为这种疏漏肯定会反噬我们的感觉。在日常行动中按照这个流程操作之后，我们会逐渐理解为什么它受到如此重视。它为我们提供了一种方法，让我们能表现出最高水平，并利用每一次成功和失败的机会不断学习和提高。我们整个团队从最高层到最底层，任何部分的差错都意味着有丢掉性命的风险，即便在这种情况下，这种方法仍有助于我们取得可持续的成果。

　　现如今，从飞行学校毕业多年之后，我仍然坚持着"准备，执行，获胜"的流程。它是游戏规则的改变者，如果你学会坚持应用它，它就可以帮助你重新掌控自己的生活，实现所有的目标，无论这目标是大是小。

　　你可以拥有有史以来最宏伟的愿景，但是如果你没有制订计划，不能有效地执行，那么所有的努力都毫无意义。

第 10 章
制订计划，让绩效最大化

"准备，执行，获胜"可以让你在不可预测的环境中发现更好的行动机会，这一动态流程将有助于把看似不可能的事情变成可能。它能让你有效地按照计划去执行，快速适应和调整，还能进行风险管控。最重要的是，它会帮助你强化成长思维模式，当你把失败视为一个学习机会时，你对失败的恐惧就会开始消散，你的勇气也会增加。

> SPAN OF CONTROL
>
> "准备，执行，获胜"可以让你在不可预测的环境中发现更好的行动机会。

坚持一个简单的流程，一个心智模型，是绝对掌控的核心所在。

有了这个，不堪重负、焦虑和压力的感觉就会减轻，因为知道了什么时候该做什么，你就可以根据需要进行调整，而不会让每一件出错的小事分散你的注意力。

为了应对不堪重负和痛苦，这种心智模型和框架可以帮助我们理解世界，它会告诉你："你该这么做。开始吧。"

> 目标，列队，攻角。
> 接住，找到，投出。
> 准备，执行，获胜。

你能看出来这里面的模式吗？

它们都属于心智模型的一种，即我们在第 7 章中谈到的简单明了的框架或脚本，它们能让我们快速做出更好的决策，同时管理好风险、情绪和压力。它们都属于一种简单的工具，我们可以依靠它们来快速整理复杂的信息，同时发现和识别可能会破坏我们的绩效、业务或生活的潜在危险。

当我们感觉自己面临的挑战无法解决或难以承受时，这些经过时间考验的模型可以让我们重新审视面临的挑战，并征服它们。这些模型让我们专注于控制范围内的事情，这有助于我们不断前进，并在我们认为最重要的事情上取得进展。

对你的控制范围要保持敏锐，一个由 3 部分组成的流程可以给你提供一个行动的路线图，把最紧迫的事情展现在你眼前，并帮助你解决它们。"准备，执行，获胜"的流程照亮了前方的道路，提供了一个简单的机制，帮助每个人不断改进。

相信我，这个流程适用于任何人和任何团队，无论你是公司的 CEO 还是家庭的 CEO，对于这个公式来说，任务没有大小之分。我在美国最大的公共事业公司之一、世界上最大的 IT 公司的所有渠道、高水平运动员和全球各地的高管身上都实施过"准备，执行，获胜"这个流程。在每场排球赛、篮球赛或摩托车越野赛之前，我也一直在和我的孩子们一起遵循这一做法。

第 10 章
制订计划，让绩效最大化

前段时间，我曾与一家位列《财富》500强的电信公司合作过。这个市场变化很快，竞争越来越激烈，销售越来越复杂。他们的销售人员被要求承担更多工作、了解更多情况，他们需要帮助。我们的目标是让整个团队团结起来，制订计划，然后将战略转化为行动，以快速提高业务成果。

通过"准备，执行，获胜"这个流程，我们能够更好地了解客户在业务上面临的问题，并发现更多的新机会。我们制订了各种战略和执行计划来提高销售业绩，让销售人员能够以更高的视角思考问题、分析数据，并大胆冒险，从客户合作伙伴的角度去采取更具战略性的行动，而不仅仅被视为"一个供应商"。

整个过程让从高管到业务部门领导、一线经理，再到底层员工的所有团队成员加深了对各自所扮演角色的理解。在这个基础上，就有可能制订出一个计划来帮助他们实现他们的战略和公司的现实目标，进而使整个团队，包括个人和组织，都从中获益。

这个框架的运行获得了更大的认可，在60天的时间里，它对销售人员的个人业绩和薪酬，以及公司的整体财务业绩都产生了显著的积极影响。

一位电信主管总结了她的个人经验，她说："这个项目开始时，我以为我已经很了解公司的战略，但在项目结束时，我却有了更强的

绝对掌控
SPAN OF CONTROL

目标感，得到了一个可行的计划和整个团队的坚定承诺，我们将真正实现这一目标。我们也做到了。"这一流程产生的影响是惊人的。

永远不要低估一个简单计划对你成功执行任务的价值。它可以帮助你确定什么在你的绝对掌控之内，帮你做出更好的决策，并将这些决策转化为行动，快速提高业绩。

SPAN OF CONTROL "准备，执行，获胜"的特点

- 有效。如果它不起作用，我们就不会在命悬一线的极限环境中使用它。
- 可复制。重复使用该框架，效果相同。
- 可扩展。它很容易从个人使用扩展到任何规模的团队使用。

当时间紧迫或处于危急时刻时，你可以把它转换成一个仅有30秒的专注力练习：

- 目标是什么？
- 我们要做什么？
- 什么会妨碍我们？

第 10 章
制订计划，让绩效最大化

勇往直前吧，终点线见！

第一阶段：准备

德怀特·艾森豪威尔曾经说过："在准备战斗时，我总是发现计划是无用的，但计划又必不可少。"啊，真是英雄所见略同。很多时候，我们会在脑海中想出一个愿景，在心中产生一个宏伟大胆的目标，然后就开始执行。这种做法忽略了关键的一步：制订计划做准备的阶段。做事需要一砖一瓦，循序渐进，做完了一步再做下一步。

在此我想明确一点：计划不等同于设定目标。计划着眼于各种风险和资源，并确定可以清楚地引领你走向目标的必要步骤。计划取决于你如何定义成功，当硝烟散去时，事情应该是什么样的，但它与设定目标不是一回事。

SPAN OF CONTROL

> 计划着眼于各种风险和资源，并确定可以清楚地引领你走向目标的必要步骤。

将两者区分开来是有原因的，这与艾森豪威尔的评论有很大关系。无论你是在空中、在你的制造厂、在写小说，还是在启动一个新的商业计划，一旦你开始参与，事情就会发生变化。总是如此。我们脑子里可能已经有了目标，还可以把它清楚地写出来。但现实是，当你偏离轨道或出现问题的时候，你需要的是一个清晰简明的行动计划。

绝对掌控
SPAN OF CONTROL

我们知道，最好的四分卫会拿出时间来做计划，以便在遇到压力的时候做到有效执行，医疗界专业人士、音乐家和企业家也是如此。

如果你事先花时间考虑过可能遇到的情况以及潜在的威胁和障碍，你成功应对变化的概率就会大大增加，即使计划并不完美且永远不会完美，即使障碍并不完全如你想象的那样。

如果我们想在混乱和不确定的时代破浪前行，我们的目标应该是培养自身的适应能力，积极应对不断变化的环境。花点时间来制订计划并模拟运行，可以提高人们的态势感知水平并清晰地勾画出预期，同时也在系统中建立一个减震器。

在第 7 章中我曾指出，你不可能完全得到你需要的信息。事情是变化的，时间不断向前，得到 80% 的信息就"足够"你采取行动了。这个道理在此处同样适用。不要让"反复确定计划"阻碍自己实施计划的步伐。开始执行你那个已经足够好的计划吧，这样你就不会为计划之外的干扰因素所摆布。

> **SPAN OF CONTROL**
> 开始执行你那个已经足够好的计划吧，这样你就不会为计划之外的干扰因素所摆布。

不管你的任务是什么，反复修订一个全面计划的最好方法是列一个清单。海军飞行员做每件事都会列出清单，这确保了即使像起飞前准备、启动飞机、起飞、着陆这样最常规的任务也能够被有效执行。

第 10 章
制订计划，让绩效最大化

我们希望确保不会遗漏或放弃任何关键任务。我们的战斗计划清单长达 12 页！因为我们是人，我们会忘事，有时甚至会忘记非常重要的事情，但当我们使用清单时情况就不一样了。

你也许用不着一份 12 页的清单，但你可以采用我们制订日常飞行计划的方法。下面是战术计划清单的一个例子。从华尔街到威奇托①，从会议桌到餐桌，这个清单都适用。

SPAN OF CONTROL　　战术计划清单

1. 确立任务目标。问一下自己："这个目标在最终状态下是什么样的？"这个目标应该清晰、可衡量、可实现，值得你花时间去做。

2. 问一下自己："以前有人这样做过吗？"你想获得别人已经学到的教训，这样你就不会犯同样的错误。利用这些经验，可以节省时间、精力和金钱。

3. 分析资源与威胁。你拥有哪些有助于取得成功的资本？阻碍你实现目标的最大威胁或风险是什么？一定要具体。不要说："哦，那永远不会发生……"把威胁和风险列出来，好好思考一下。

---

① 位于美国堪萨斯州，是该州最大的城市，也是美国主要的飞机制造中枢和文化中心，被称为"航空首都"。——编者注

4. 制订"启动计划"。你的行动方案是什么？你将采取什么样的措施来取得成功？

5. 问一下自己："如果……会怎么样呢？"为意外、风险、弱点、缺乏资金、缺少人手和资源等这样的突发事件做好计划。

6. 让"红队"参与进来。还记得第5章的内容吗？找几个没有参与计划制订的人或一些值得信任的朋友来找出你计划中的漏洞。

7. 准备好汇报计划。这是飞行前准备计划中必备的一环。如果你没有提前安排汇报环节，实际上你坚持到底的可能性就已经很小了。

经常审查计划可以使你更自信地做出决定。我们可以从电影《壮志凌云》(Top Gun)中得到一个启发：具有传奇色彩的海军战斗机武器学校每天都审查其飞行和训练计划，以确保正常运行。

第二阶段：执行

一旦你做好了有效的准备，这时候就该放下恐惧和怀疑，开始行动了。伟大的执行将取决于你投入并坚持计划的能力和信心，同时需要在必要的时候做出相应调整。

第 10 章
制订计划，让绩效最大化

在这个阶段，不要害怕摆在你面前的目标。把目标打印出来，贴在墙上、电脑上、桌子上，写在便利贴上，文在身上，怎么做都行，总之要把这个目标放在你面前，把它放在心中首位。

成功执行计划的关键促成因素包括：

- 你的心态。你对目标的承诺，对战略的信念以及紧迫感。
- 你的团队与战略保持一致。你本人是识别成功所需行动的催化剂。
- 你的能力。你的基本技能：领导能力、决策能力、专业敏锐度、专业知识与技能、持续学习和技能发展的能力、沟通能力。

我在前面曾说过，对战斗机飞行员来说，速度就是生命。你必须迅速做出决定，主动去挑战极限，否则你就会掉队。尽管计划是必要的，但我们不能延长这个过程中的各个阶段，不然的话，事情会因过度思考而陷入分析瘫痪。我们已经做了充分的准备，所以我们没有理由退缩。尽管害怕失败，我们也还是必须去执行。正如冰球巨星韦恩·格雷茨基（Wayne Gretzky）提醒我们的那样："如果你不出手，你百分之百会错失良机。"

开始执行计划之后，你肯定会遇到那些你预期之内的突发事件，但也总会有一些你没有预见的事件发生。这时，你预先的准备，你那

绝对掌控
SPAN OF CONTROL

些根深蒂固并简单易行的心智模式便有了用武之地，它们可以帮助你处理压力巨大、变幻莫测的环境，处理各种不确定性和复杂性。在某种程度上，如果你能够快速地从问题转移到解决方案，那么成功的概率就会增加。

> **SPAN OF CONTROL**
> 在某种程度上，如果你能够快速地从问题转移到解决方案，那么成功的概率就会增加。

这个过程中也会出现人为的失误。人人都会犯错，即使是我们当中那些最训练有素的专业人士也是如此。超过 80% 的民用和军用航空事故是由飞行员的失误造成的。这意味着执行阶段的部分任务之一，是要去预测在执行过程中可能会出现的错误和失误。保持和提高效率的关键是不要为此自责。相反，对自己的要求稍微宽松一些，从中吸取教训。

第三阶段：获胜

你现在已经完成了准备和执行阶段，但这意味着万事大吉了吗？远非如此！事实上，"准备，执行，获胜"这个流程中的第三阶段可以说是最为关键的。第三阶段的核心是总结汇报，在此阶段，你需要回顾前两个阶段的工作，评估哪些地方做得对，哪些地方做得不对，找到错误的根源所在，并明确需要吸取的经验教训，这样有助于提高效率，并可以使你在未来取得成功。

第 10 章
制订计划，让绩效最大化

你不能只在口头上承认持续学习的重要性，而不去安排和认真对待针对个人和团队的培训、教育和绩效审查。我们不能只告诉队友要更努力一些、更聪明一些、更快一些，他们已经尽自己最大的努力了。我们需要更进一步，确保他们能够适应状况，给他们提供学习和创新的空间以及信任，奇迹就会产生！

如果你不进行总结汇报的理由是"我太忙了""我的团队知道哪里出了问题""我们没有时间做这个""我们过一阵再谈这个""我的团队不喜欢对抗"，当你自己制造这些阻碍时，你实际上是在扼杀自身的适应能力。

把各种借口和你的自负放在一边。优秀的员工必须能够放下自负，能够与队友沟通。当你开始因为自己的职位而觉得有资格获得尊重时，当你觉得不再有必要向你的队友征求意见时，灾难性的后果就可能会出现。

SPAN OF CONTROL

优秀员工必须能够放下自负，能够与队友沟通。

无论你属于哪个行业或哪个团队，无论你是在做患者护理还是经营自己的企业，是渠道合作伙伴的副总裁、教练，还是从事金融服务行业，第三阶段对你来说不仅非常必要，还是确保你取得高效的秘密武器。

数字化转型与创新相结合是当前全球发生的最大变化之一。当前

绝对掌控
SPAN OF CONTROL

与我合作的许多公司都在努力让他们的思维和资源围绕着海量数据转。那些能够整合、理解和利用这些数据的人会比那些做不到这几点的人走得更快。能不能抓住这些机会，就看你的队友能不能深刻理解这些数据，并将其转化为战略和行动。

如果能够培养一种学习文化和机智的冒险精神，以及一个适应力强、有创造力、能够分享经验教训的协作团队，你就可以撬动团队的集体智慧，从而给自己带来明显的竞争优势。

在海军中，总结汇报过程已经在数十万个小时中得到完善。通过检查计划和执行的完成情况，这一程序挽救了无数的生命，并大大降低了军事飞行事故率。不仅如此，这种方法还可以使当前和下一代飞行员都能得到快速提升。

你应该记得在第 5 章中，我提到过美国海军蓝天使飞行表演队的总结汇报。每一次飞行结束后，我们都会立即详细分解此次飞行的每一个动作，不然的话，间隔的时间越长，细节就会越模糊。总结汇报非常重要。我们必须回顾在每次飞行中的操作细节，以便让自己能够活下来并得到提高。

总结汇报的作用在于，你可以从有目的地揭示成功和失败的机制中学习。这是一种训练，也是一种教育。我们在应对已知因素的

第 10 章
制订计划，让绩效最大化

同时，也在准备应对未来的未知因素。批评可能是残酷的，但它们与自尊和偏向无关，也不是对你的责备。相反，它们的目的是提高自我意识和态势感知，然后使我们可以更好地在前进中应用学到的经验教训。

永远不要忘记，总结成功的经验和失败的教训同样重要。为什么？因为即使你的计划执行得很顺利，但总会有一些事情可以做得更好、更高效。我们永远不应该依赖投机取得成功。如果你只是运气好，那对下一个执行同样任务的人来说可能是一种灾难，你不可能一直幸运。因此，你必须花点时间来搞清楚什么有效、什么无效，以及其中的原因。

> SPAN OF CONTROL
> 永远不要忘记，总结成功的经验和失败的教训同样重要。

无论你处于成功路上的什么位置，执行结束后进行总结汇报，评估前面阶段的进展并确定要点，这些都是你在未来保护自己的方式，也是你形成永不停止学习的成长型思维的方式。

未知情况和不确定性永远不会消失。在快速变化的情况下，那些能够比其他人更快、更有效地通过相关决策周期的人，那些能够专注于自己控制范围的人，成功的机会更大。

绝对掌控
SPAN OF CONTROL

SPAN OF CONTROL 总结汇报

现在就试着总结汇报一下。关注今天的一项活动，并回答以下问题：

- 本该怎么样？
- 实际情况如何？
- 为什么会有差异？
- 你从中能学到些什么？
- 下次你如何将这一经验融入执行中？

近100年来，成千上万的人试图攀登珠穆朗玛峰，并取得了不同程度的成功。大约有6 000人成功完成了整个往返行程，但也有数百人在尝试过程中丧生。那些不在最初兴奋高喊"让我们开始吧"的攀登者，那些研究、尊重并分享从客观因素中获取的经验的攀登者，成功的机会更大。这些客观因素包括天气情况、积雪情况、雪崩风险、身体健康水平、疲劳程度、向导的经验、山顶的坡度等。事实上，与1990—2005年这段时间相比，2006—2019年期间，由于做好了充分的准备工作，成功登顶的人数增加了一倍。

我的好友艾利森·莱文（Alison Levine）是美国第一支女子珠穆朗玛峰探险队的队长。她攀登过各大洲的最高峰，还曾去过北极和南

第 10 章
制订计划，让绩效最大化

极。无论她在什么样的特殊旅程中，每天结束后，她都会与团队成员进行总结汇报。

艾利森很清楚，她必须收集关于路线、团队成员的健康状况、在极端条件下的执行能力、消耗掉的和剩余的食物与燃料的数量，以及风向和天气预报等的相关数据。汇报中涉及的每一件事都与他们的生存息息相关。

在我们的个人生活和职业生涯中，我们几乎不会在总结汇报中问："我们将如何生存下去？"但这不正是我们需要思考的吗？尤其是在不堪重负的危机时刻。

艾利森是这样说的："在漫长的一天结束时，你已筋疲力尽，你的身体已经耗尽了最后一点能量。所以你要做的第一件事就是照顾好自己，这意味着你要去关注目前能控制的最重要的事情：你的卡路里摄入，你的体内水分状况，让身体暖和起来。如果不注意这些事情，你就会有高原反应、脱水、失温和冻伤的危险。你必须保持健康，才能有出色的表现，才能为团队做出巨大贡献。"

现在，我要问的问题是：每天结束时，你需要总结的事情是什么？无论这些事是为了工作，为了你的家庭，为了你参与的任何活动和组织，为了你的健康和幸福，还是为了你的生存。

绝对掌控
SPAN OF CONTROL

你真的愿意把这些事情交给运气吗？

即使知道目标是提高绩效，人们仍然回避进行总结汇报，因为他们害怕别人评估自己的绩效，无论这个"别人"是他们自己，还是他们的"敌人"，如果是他们梦想团队内部的人员，会更令人抗拒。但是如果你的目标是实现你设定的目标，总结汇报是一个能够预防执行错误、从长远来看可以节省你的时间的强大工具。

> SPAN OF CONTROL
> 总结汇报是一个能够预防执行错误、从长远来看可以节省你的时间的强大工具。

做好汇报需要有意识地练习。在每个项目结束后，花点时间去总结一下，尤其是在遇到意想不到的障碍后，或者当你感到力不从心的时候。相信我，这么做很值得。通过减少执行错误，进行补救工作，你实际上又把在改进工作上花掉的时间给补了回来。

制订个人的"飞行计划"

"准备，执行，获胜"的目标是让你的绩效最大化。

生活中的不确定性常常会把你带到你不一定要去的地方。气流会变得颠簸起伏，甚至令人生厌。有一个包含准备、执行和获胜3

第 10 章
制订计划，让绩效最大化

个阶段的计划会让主动权回到你手中，并提醒你什么在你的控制范围之内。

当风向改变时，你要确保自己总是能够回到最初的飞行计划中。在出现偏航的情况下，你发现自己疲惫、不堪重负、压力重重，这时候没有什么比回顾你在最有灵感、决心最大的时候的目标，并重温你为实现它而制订的计划更有力量的了。

你是你人生的 CEO。你可以选择准备、执行，并取得胜利，或者你也可以选择过度思考，然后什么都不做，最终一事无成。

一个清晰的计划可以给你提供清晰的执行路径，并在必要的时候进行调整。与此同时，它还可以让你专注于自己的控制范围，以使你的效率实现最大化，让你在学习中得到提高。这件事情非常重要，我想鼓励你现在就试着为了成功而制订你的飞行计划。

在这里，我专门为每一步计划准备了一页纸的内容，供大家思考。如果现在真的不是时候，那就在你的日历上设置一个提醒。也许是下星期六早上 7 点到 9 点，你可以专门为此花点时间。不论你什么时间有空，把这个时间留出来，不要安排别的事情。记住，你写下了你的计划后，随时可以回过头来完善它。

准备好了吗？我们开始吧。

绝对掌控
SPAN OF CONTROL

SPAN OF CONTROL　　确立任务目标

目标：

_____
_____
_____
_____

这个目标最终是什么样的？（要明确，可衡量，可实现，值得你付出。）

_____
_____
_____
_____

你将在什么时候实现这个目标？

_____/_____/_____

你多长时间回顾一次这个目标？你会用什么方法？成功的结果会是什么样子？

_____
_____

第 10 章
制订计划，让绩效最大化

_____

_____

SPAN OF CONTROL　　**以前有人这样做过吗？**

创建一个列表，列出那些做过你想做的事情或类似于你想做的事情的人的名字。找到前人已经获得的经验教训，这样你就不会再犯同样的错误。利用他人的经验、见解和知识可以节省你的时间、精力和金钱。到网上去看看他们的经历，阅读他们写的书籍或文章，观看对他们的采访视频。

不要跳过这个研究他人的阶段。

姓名：_____

机构/公司：_____

要研究的问题：_____

_____

姓名：_____

机构/公司：_____

要研究的问题：_____

_____

绝对掌控
SPAN OF CONTROL

姓名：_____

机构 / 公司：_____

要研究的问题：_____
_____

SPAN OF CONTROL 　　资源与威胁

评估一下你有什么、缺什么。你是不是有时间但缺乏资本？有资金但缺乏洞察力？你有人脉但缺乏精力？你的团队在取得成功的路上的最大威胁是什么？

充分思考可能阻碍你的外部现实因素和内部限制性信念。不要过度思考这两个问题，在心里清点一下，然后写下来即可。然后在每个障碍旁边，写下一个可行的克服方法。具体一点。

资源：_____
_____
_____
_____

障碍：_____
_____

第 10 章
制订计划，让绩效最大化

_____

_____

克服障碍的方法：_____

_____

_____

_____

SPAN OF CONTROL　　　启动计划

为了到达你想去的地方，你需要采取哪些切实的步骤？每一步都要深思熟虑、富有策略。如果你发现自己迷失了方向，一定要能回到你的主要目标上来。

步骤一定要简洁明了，并设定好截止期限。

行动步骤 1：_____

截止日期：_____

行动步骤 2：_____

截止日期：_____

行动步骤 3：_____

绝对掌控
SPAN OF CONTROL

截止日期：_____

行动步骤 4：_____
截止日期：_____

行动步骤 5：_____
截止日期：_____

行动步骤 6：_____
截止日期：_____

行动步骤 7：_____
截止日期：_____

SPAN OF CONTROL | 如果……会怎么样呢？

做好应急预案，主要是针对各种意外、风险、弱点、资源缺乏等情况。考虑潜在的最坏状况可以帮我们为各种不希望遇到的"惊喜"做好准备。这样当它们真的到来时，我们就不会措手不及。这是基本的风险管理，不要跳过这一步。

第 10 章
制订计划，让绩效最大化

可能的风险：_____
_____
_____

潜在弱点：_____
_____
_____

可能遇到的问题：_____
_____
_____

潜在"惊喜"：_____
_____
_____

SPAN OF CONTROL | "红队"

写下"红队"成员的名字，这些人本身没有参与你制订计划的过程，但他们可以帮助你发现任何明显的问题或矛盾、错失的机会、自负的地方或被忽视的威胁。你是否可以

绝对掌控
SPAN OF CONTROL

从前面"以前有人这样做过吗?"那部分里面找到你想要的人?列出来就行了。他们都是可以帮助你的好人。一个优秀的、会鼓励人的导师或明智的朋友也同样重要。

_____
_____
_____
_____

然后号召整个团队行动起来。把他们召集到一起,或者把你到目前为止填写的表格发给他们,让他们提出意见。把所有的注意事项都记下来。从他们的反馈中寻找一致性,因为你很可能从中发现重要模式。

_____
_____
_____
_____

如果你没有事先安排总结汇报这个环节,那么你坚持到底的可能性就会变得很小。留出一个具体的日期和时间。如果你要完成的是个

第 10 章
制订计划，让绩效最大化

人目标，那么就要每天回顾一下你的进展情况。如果是商业方面的计划、项目或目标，就在任务完成后立即安排总结汇报。

如果要定期对计划进行汇报，通过电话或视频会议是可以的，但最好是面对面地进行，这可以让整个组织专注于学习经验和持续改进上。无论你是在汇报上市计划、销售计划还是展示产品，从分析你的执行情况、计划的有效程度和理解程度的角度来说，总结汇报都至关重要。总结汇报不是要评论谁对谁错，而是要搞清楚什么才是对的。

SPAN OF CONTROL

总结汇报不是要评论谁对谁错，而是要搞清楚什么才是对的。

汇报时，先问一下这几个问题：

- 本该怎么样？
- 实际情况如何？
- 为什么会有差异？
- 你从中能学到些什么？
- 下次你如何将这一经验融入执行中？

完成总结汇报后，结束时一定要说一句："我犯下了这些错误，我可以改正。"

绝对掌控
SPAN OF CONTROL

SPAN OF CONTROL

绝对掌控指南

- 如果你还没有把你的飞行计划写出来，是什么原因导致你没有这么做？
- 哪些特定的常规活动会让你更接近目标？
- 执行过程中你会遇到哪些里程碑事件？

SPAN OF CONTROL

第 11 章

持续沟通，为成功加速

将复杂的想法转化为清晰简洁的交流，不仅能让你保持活力，还能通过协调每个人的行动来提高组织和个人的绩效。

Reducing complex thoughts to clear and simple communications will not only keep you alive, it'll increase organizational and individual performance by aligning everyone's actions.

第 11 章
持续沟通，为成功加速

我们满怀敬畏地站在彭萨科拉的海滩上，看着美国海军蓝天使飞行表演队的飞机在头顶上翱翔。数架闪闪发光的飞机完美地排成一行，在晴朗的蓝天上一会儿排成钻石队形，一会儿排成手势的"4"队形，或经典的 V 字形。编成这样的队形不仅仅是惊人的技巧和实力展示，还另有目的，这是我们偶然从鸟类朋友那里学来的。

你有没有见过一群去南方过冬的大雁在空中排成 V 字形飞行？当大雁扇动翅膀的时候，它为紧随其后的同伴创造了所谓的"升力"。通过 V 字形飞行，整个雁群的飞行距离比每只大雁单独飞行时至少可以增加 71%。当一只大雁脱离队形时，它立刻会感觉到独自飞行遇到的阻力，然后就会迅速回到队伍当中，以便继续利用前面那只大雁形成的升力。如果领头的大雁累了，它便会转到后边，另一只雁则会补到它的位置上去。

那些鸣叫声是怎么回事？你有没有注意到大雁在晚上的鸣叫声更

绝对掌控
SPAN OF CONTROL

大一些？事实证明，一天结束后，当大雁们感到疲劳时，它们会通过鸣叫来鼓励飞在前面的大雁保持加速状态。如果哪只大雁生病或受伤，脱离队伍了，会有另外两只大雁离开队伍，跟在它的身边，给予帮助和保护。这是我个人最喜欢的一点，感觉这些大雁简直就像是在直接按照海军的行为准则行事。那两只大雁会和掉队的大雁待在一起，直到它能重新飞行或者死去。只有到那时，它俩才会独自出发，或者加入另一支大雁编队，去追赶它们原先的队伍。

分享共同的目标

毫无疑问，最著名的好伙伴是《壮志凌云》中的雷达拦截官"大雁"。这是一个完美的昵称，如果我们都有像大雁的智慧，我们就会明白，共享目标和集体意识可以让我们更有效地到达自己想去的地方。

> SPAN OF CONTROL
> **共享目标和集体意识可以让我们更有效地到达自己想去的地方。**

利用我们为彼此提供的有利条件比单打独斗更聪明、更安全。

即使是需要你自己站出来领导大家到达目的地，你的飞行计划也还是会涉及很多人。无论涉及的人是你的员工、家人，还是你所在的跑步俱乐部的成员，在危机时刻和出现不确定性的时候，你仍要有能

第 11 章
持续沟通，为成功加速

力去协调整个团队，加速实现你的目标。即使在困难时期，人们打破队形的意愿很强烈，但一起飞翔仍然很有可能让所有人朝着正确的方向前进。

危机不仅挑战我们让自己富有成效和具有前瞻性的能力，而且正如我们所知道的那样，还会威胁到我们与团队和支持系统之间的关系。当你努力有条理地行事时，你似乎需要像超人一样努力关注共同的目标，甚至需要更多的努力来获得和给出必要的反馈，这是责任心的重点所在。

当我们不堪重负、局势也不明朗时，我们该如何利用共同的目标和价值观，让我们的计划不仅保持在正轨上，而且能加速提升我们的效率呢？很多时候，保持团队、单位或组织的运转，甚至是偿付能力，需要的不仅仅是一个清晰的愿景，还需要采取实际行动，要记住，你是行动的催化剂。

就在新冠疫情来袭之前，我有幸与高乐氏公司（Clorox）进行合作。这是一家生产日常消费品和专业产品的跨国公司。你可能很快就认出了这家公司的名字，因为它生产家用漂白剂，以及其他一系列家用产品，例如佳能保鲜袋、金斯福德木炭、碧然德净水器、小蜜蜂护唇膏、神秘谷农产品等。

这个高绩效团队吸引我的一点是，他们不仅视自己为研发方面的

绝对掌控
SPAN OF CONTROL

创新者，还将自己定位为供应链中的创新者。

天哪，这难道不是他们的优势吗？2020 年 3 月，他们产品的需求量激增了 500% 以上，因为这个世界上的每个人似乎都想入手漂白剂和消毒湿巾。制造业变得更具挑战性，供应链被打乱，这家公司不得不迅速扩大生产以满足消费者需求。除了对高乐氏湿巾的爆炸性需求之外，对厕纸、保鲜袋、金斯福德木炭和神秘谷农产品的需求也出现了大幅增长，这些显然是消费者居家工作的主要必需品。

通过向合作伙伴清楚地传达他们的需求和不足，他们成功地维持了生产线和供应链的运转。这不仅使他们的直接供应链能够快速适应现实需求，而且也提升了他们所依赖的供应链内部快速适应的能力。团队合作，彼此信任，相互支持，这就是他们成功的原因。

当我们在动荡不安的环境中工作时，全体保持协调一致需要更多的时间，甚至要付出更多的努力。努力确定你们的共同目标，并相互提醒，这么做并非授权或命令他人。现如今我们面临的问题和挑战太复杂了，变化太频繁了，我们决不能认为仅凭一人之力就能解决所有问题。有了共同的愿景和相互负责的机制，你就可以让各级领导者站出来承担责任。

搞清楚共同点会让你们更容易走上正轨并相互扶持。共同回顾你的计划，从董事会成员、同事、渠道合作伙伴、供应商、导师和朋友

第 11 章
持续沟通，为成功加速

那里寻求反馈，收集能激励你不断成长和前进的观点。我希望现在你已经明白，除了责任心之外，保持沿着正确的轨道前行需要持续的学习和自我反省。

没有生活妙招，也没有捷径可走。成功不会奇迹般地发生，我们必须做好计划，然后始终如一地坚持这个计划。只有这样做，然后花时间聚在一起总结，找出什么有效、什么无效，你才能在一定程度上取得成功。

我们都要努力记住的一点是，当飞行变得更加困难、成员变得疲惫时，能让雁群加速前进并保持在正确的路线上的，是团队成员之间的协调一致和诚信沟通。

与所有和你在同一个队伍中的人交流，无论是你的团队、你的员工、你的观众，还是你自己的家人和朋友，选择与谁交流完全在你的绝对掌控之中。沟通的目标应该是让像你的高管、经理、员工或你自己的孩子那样的关键人物做出正确的决定，并帮助你实现前方的目标。

你可以帮助那些你所依赖的人，使他们拥有与你一样的活力和热情，和你一起专注于一个共同的目标。你可以让每个人在混乱和不确定的环境中保持不掉队。

SPAN OF CONTROL

| 让每个人在混乱和不确定的环境中保持不掉队。

绝对掌控
SPAN OF CONTROL

像"接受不适"和"时间侵入"这样的咒语和格言都很容易被快速记住，它们联合、巩固和简化了一系列的复杂行动，使军队高效并紧密联系在一起。当我们在一个共同的框架下协作时，我们可以更快地做出更好的决策。

因此，让我为你的工具箱再添加一个心智模型：飞行、导航、沟通。你可能会从第 3 章中斯莱特上校遇到的拦阻战斗机的故事中想起它。这是我们在飞行学校第一天学到的另一个 3 步法，它是一个在危机时刻使用的简单方法。

飞行。当一切都变得糟糕时，你只需要飞行，只需要驾驶飞机就可以了。你必须保持控制权，稳住飞机，并保证它的安全。没有这第一步，其他一切都是零。同样，在企业中，当危机突然出现、人们感到负担过重时，你必须做的第一件事是放慢速度，并确保团队稳定、安全，能够继续运转。通常，当我们感到恐慌时，我们会感到"时间被压缩"，时间似乎过得飞快，失去了控制。这时候你要做的就是，专注于重要的事情，保持控制权，继续驾驶你的飞机。

导航。只有当事情稳定下来了，你才有时间来想想你要飞往哪里。一开始不需要多完美，只要指向一个安全的方向就行了。在危机中，一旦你对事物的稳定性有了感觉，或者至少知道如果真的在不稳定的情况下，事态恶化会有多快，你就必须设定行动方案：你

第 11 章
持续沟通，为成功加速

将何去何从？还记得你花时间制订的计划吗？回顾一下之前提出的那些假设和应急策略：有什么解决办法？谁能帮助你？此时此刻的关键是保持减速状态。你花在深思熟虑地评估局势上的时间会在你继续前进时得到回报。我曾经和许多正在处理危机的高管合作过，看到过他们通过把事情拖慢几小时甚至几天，来摆脱急转直下的局面，让事情恢复正常。

沟通。现在你已经安全地朝着正确的方向前进，并且脱离了极端情况，此时需要与团队进行沟通："问题就在这里，这是我们将要做的事情。这几件事是你现在的首要任务。"必要时可以联系他人寻求帮助。有效的沟通是达成协调一致最快的方式。没有持续的、清晰的、简洁的沟通，整个队形就会土崩瓦解，你的目标就会渐行渐远或者消失不见。当然，如果你没有把前两步做好，再好的沟通都不会让你摆脱困境，所以要分清轻重缓急！

记住，战斗机飞行员并非生来就拥有在高压环境下处理优先任务的能力，我们是在学习中获得了这样做所必需的各种技能。

我们通过使用简单的"飞行、导航、沟通"3步法来学习如何应对工作超负荷所带来的压力和焦虑。我们在准备、总结汇报、模拟训练、飞行和日常工作中坚持不懈地练习这一点，以便大大提高我们的执行力，即使在危机中也是如此。

绝对掌控
SPAN OF CONTROL

精心打磨愿景

每艘航母上大约有 5 000 人，每 9 个月就会替换掉 50% 的人员。这意味着每 18 个月就有一批全新的船员来到这个被称为世界上最危险的工业化工作场所工作。另外，在甲板上工作的人平均年龄是 19 岁。至少可以说，我们生活在一个潜在的混乱环境中。

这就是为什么我们首先必须非常清楚我们在那里的一个关键目标：一年 365 天，一周 7 天，一天 24 小时，为军用飞机的成功起飞和恢复服务。大家都清楚，所有人的一举一动都与这个主要目标紧密相连。这一点也让大家都明白，即使在高压下，每个人也都在实现成功的过程中发挥了重要作用。

让你的团队保持一致的最好方法，是将你的愿景总结凝练为一则声明或一句口号。它可以提醒人们，大家正在为之努力的成功的全貌是什么样的。如果能得到定期强化，这个愿景便会逐渐进入每个人的潜意识。甚至在不用思考的情况下，你就会走向这个愿景，它决定了你的行动，决定了你为了实现它所要采取的步骤。

> SPAN OF CONTROL
>
> 让你的团队保持一致的最好方法，是将你的愿景总结凝练为一则声明或一句口号。

对于整个海军来说，这一愿景是："我们是一支综合的海军力量，

第 11 章
持续沟通，为成功加速

将为国家保护海上主权。"我想，对大雁来说，它们的愿景可能会像"当气温下降时，我们一起飞向南方"一样简单。你的呢？

为了让愿景在任何时候都可以实现，你的愿景需要简单、易记、可重复。这也许会是一项艰苦的工作。通常情况下，愿景越简单，就越说明有人花了很多的时间来构思它。但是如果你想让你的愿景能够被人铭记在心，那么花点时间去打磨它就显得非常重要了。你需要的支持越多，你面前的步骤越复杂，你的愿景就需要越简单、越令人难忘。愿景要言简意赅，易于传播，让人一看就懂，无须解释。你的愿景应该让目标、心态和飞行计划具有感染力。

SPAN OF CONTROL

> 愿景要言简意赅，易于传播，让人一看就懂，无须解释。

琢磨一下下面这些绝妙范例：

- 美国西南航空公司："做全球最受欢迎、飞行次数最多、利润最高的航空公司。"
- 本杰瑞冰激凌公司："用最好的方式做最好的冰激凌。"
- 宜家："为大众创造更美好的日常生活。"

全都简洁明了。

绝对掌控
SPAN OF CONTROL

表述复杂的愿景毫无用处。要做到语言凝练、语意清晰，然后把它写下来。把它放在每个人都能看见的地方，经常重复一下。

创造一个有感染力的愿景

精心打磨一份清晰简洁的愿景，是激励全体团队成员的最佳方式，也是传播你正在努力实现的目标的最佳方式。

写出3个关键动作词（常见的例子有"授权""参与""实现""灌输""发展"等）。

_____

_____

_____

写下3个最重要的价值观（例如"健康""最大利润""产品质量""环保主义"等）。

_____

_____

_____

你的目标对谁有影响，是只有你自己，还是包括你的家人、你的社区，甚至全世界？

第 11 章
持续沟通，为成功加速

_____
_____
_____

你为什么追求这个目标？你的目的是什么？你这么做是为了谁？

_____
_____
_____
_____

5~10 年后，你的目标会变成什么样子？

_____
_____
_____
_____
_____

花点时间回顾上面的内容，圈出你写下的最符合你的目标的词。然后试着写下你的愿景。

_____

绝对掌控
SPAN OF CONTROL

_____
_____
_____
_____

简化复杂的信息

在极度混乱的时期，速度就是生命。在谈到下面几个问题时，你必须简化其中的复杂情况：

- 公布可预测的结果；
- 保持你和他人的注意力；
- 抓住机会；
- 实现你的目标。

将复杂的想法转化为清晰简洁的交流，不仅能让你保持活力，还能通过协调每个人的行动来提高组织和个人的绩效。无论是与你的团队沟通，与你的销售团队分享进入市场的策略，还是创建以任务为重点的文化，简洁、精确、清晰和一致都能让你改变局面。

在海军中，我们称之为"简洁交流"，意思是你要用尽可能少的字说出你需要说的话，让尽可能多的人理解。就像大雁一样，飞行员

第 11 章
持续沟通，为成功加速

也有自己独特的交流方式。如果你曾经登上过战机，听到过驾驶舱里的对话，你可能听不懂他们在说什么。飞行员和机组人员使用的那些短语，是为了与所有那些通过偶尔会模糊的无线电传输收

SPAN OF CONTROL

> 要用尽可能少的字说出你需要说的话，让尽可能多的人理解。

听的人进行清晰简洁的交流，其目的是减少无效信息，增加有效交流，因此只需要简短易懂、清晰明了即可。

比如用"天使"这个词来表示几千英尺的高度，"天使6"就是6 000英尺。如果有人说"Bingo"，你可能会怀疑这个词应该不是指游戏，但你知道它也不是在确认一个积极的结果或正确的答案吗？在飞行员用语中，Bingo表示低燃料状态，这可能意味着是时候转飞向另一个机场了。如果无线电呼叫"穆尼，你的信号是巴斯特·米拉马尔"，意味着穆尼需要尽快赶往某个指定的机场。此外再不需要其他沟通。尽管这些属于"飞行员用语"，但它的价值在于简明、准确、清晰、一致地传达特定的意思。

在困境下，清晰地表达复杂的想法会如何给你带来帮助？让我们从一些简单的电子邮件通信建议开始：

- 除非绝对必要，否则不要点击"全部回复"。
- 把你的底线写在最前面。不要把最重要的信息藏在你像《战争与和平》一样冗长的电子邮件中。

- 用词简单明了。请一定要这么做。复杂的词语不会让你看起来比其他人聪明，也不会让你试图传达的任何信息变得更可靠或更具可行性。

不能有任何需要事后猜测或解码的信息。简洁交流有助于协调工作、增进理解，它有助于提供一条清晰的成功之路。当采取正确的行动是最重要的事情时，它不会让人误解，也不会导致无休止的提问。

在海军中，我们必须弄清楚如何适应复杂的环境，并将其与最重要的工作融合到一起。在危机期间传播重要而复杂的信息也是如此。在充满压力和不确定性、人们不堪重负的状态下，我们需要一种目标明确的交流方式，它与日常的、压力小的状态下的交流方式有很大的不同。当一切都分崩离析时，表现得"一切如常"，可能只会导致除了一致、加速、成功和挽救生命之外的一切后果。

在恐惧或不堪重负的时候，人们最不需要的就是筛选混乱的信息和令人困惑的专门术语。不仅仅是因为没有时间去理解，也因为我们的理解能力有限。无论是新冠疫情期间的每日新闻发布会、对"9·11"的回应，还是2017年的拉斯维加斯枪击案，处于高压状态下的人都很难去消化各种信息，他们的回忆和短期记忆也是有限的。

处于紧张状态的人平均会丧失80%的信息处理能力。像基本听

第 11 章
持续沟通，为成功加速

力、理解或记住他们看到或听到的东西的能力都会丧失。此外，研究表明，只有不到 5% 的公众压力是由事实驱动的，这意味着 95% 的公众担忧是基于人们的感受。正如你所想象的那样，这可能会导致严重的认知错误，并且可能令人轻信道听途说。

> **SPAN OF CONTROL**
> 处于紧张状态的人平均会丧失 80% 的信息处理能力。

混乱和高风险的环境需要一种特别快速的协调和加速方式，此外，还要了解在这些情况下我们缺乏这种能力会有什么后果。

文森特·科韦洛（Vincent Covello）博士是一名行为神经和视觉科学家，也是风险沟通中心的创始人和董事。他花了数年的时间，对高风险环境中的最佳沟通实践进行了全面的评估。

让我们来看看他对在高压环境下沟通的一些发现：

- 丧失听力、理解和记忆信息的能力。
- 人们在关注你了解的情况之前，想确认你在关注着他们。在产生信任的基础中，关注占了 50%，并且在最初的 30 秒内就能被确定。因此，一旦做出评估，人们就很难改变他们的想法。
- 人们总是记得他们最先听到的和最后听到的情况。
- 人们理解信息的水平通常比他们的教育水平低 4 个等级。

绝对掌控
SPAN OF CONTROL

- 人们积极寻找能帮助口头表达的视觉或图像信息，因为在处理信息时大脑的视觉部分会变得活跃。

现在，让我们考虑一些源于上述观点的绝佳实践：

- 清晰而缓慢地说话；
- 预测、准备、实践；
- 通过确立你对他人的关注来建立信任；
- 重复最重要的几点；
- 每个负面词语用3个或4个正面词语来平衡；
- 你说的第一句话和最后一句话最有可能被记住；
- 说短句和简单的词语；
- 关键信息的最佳长度是9秒钟27个词，讲述3个要点。

最后一点很有吸引力。27个词，9秒钟，3个要点，这说明复杂的事情必须加以简化和凝缩。

简化和凝缩复杂事物。

你不需要一段开场独白，不需要鼓舞人心的介绍，也不需要马上得到所有的解释。你需要的是与手头工作有关的、有益于整体利益的首要的事实。琢磨一下富兰克林·罗斯福的话："要真诚。要简短。"

第 11 章
持续沟通，为成功加速

清晰和简洁就像是飞行甲板上的橙色发光目标和中心灯带。它们不仅能起到引导和校准的作用，还能让你专注于手头的事情。无论环境多么黑暗，都不要靠运气决定沟通的结果。

SPAN OF CONTROL —— 凝缩信息

27 个词，9 秒钟，3 个要点。想想一个目前需要简化的信息。尽量限制你的字数，使你的信息保持简洁。

要点 1：＿＿＿＿＿＿＿＿＿＿＿＿＿＿＿＿＿＿＿＿
＿＿＿＿＿＿＿＿＿＿＿＿＿＿＿＿＿＿＿＿＿＿＿＿
＿＿＿＿＿＿＿＿＿＿＿＿＿＿＿＿＿＿＿＿＿＿＿＿

9 个词的描述：＿＿＿＿＿＿＿＿＿＿＿＿＿＿＿＿＿
＿＿＿＿＿＿＿＿＿＿＿＿＿＿＿＿＿＿＿＿＿＿＿＿
＿＿＿＿＿＿＿＿＿＿＿＿＿＿＿＿＿＿＿＿＿＿＿＿

要点 2：＿＿＿＿＿＿＿＿＿＿＿＿＿＿＿＿＿＿＿＿
＿＿＿＿＿＿＿＿＿＿＿＿＿＿＿＿＿＿＿＿＿＿＿＿
＿＿＿＿＿＿＿＿＿＿＿＿＿＿＿＿＿＿＿＿＿＿＿＿

9 个词的描述：＿＿＿＿＿＿＿＿＿＿＿＿＿＿＿＿＿
＿＿＿＿＿＿＿＿＿＿＿＿＿＿＿＿＿＿＿＿＿＿＿＿
＿＿＿＿＿＿＿＿＿＿＿＿＿＿＿＿＿＿＿＿＿＿＿＿

要点 3：＿＿＿＿＿＿＿＿＿＿＿＿＿＿＿＿＿＿＿＿
＿＿＿＿＿＿＿＿＿＿＿＿＿＿＿＿＿＿＿＿＿＿＿＿

绝对掌控
SPAN OF CONTROL

9 个词的描述：_____
_____

把 3 个要点分别用 9 个词描述之后，再把这些要点总结成一个容易记住的、用数字标记的信息链或行动链。

1. _____
2. _____
3. _____

史蒂夫·乔布斯知道专注的愿景在职场中是多么重要。沃尔特·艾萨克森（Walter Isaacson）曾在《哈佛商业评论》上提到他撰写的这位苹果公司领袖的传记，他说，这本书出版后，涌现出许多评论家，他们都希望从乔布斯的生活中汲取管理经验，他们的分析有一些能说到点子上，有一些则说不到点子上。艾萨克森指出，乔布斯成功的真正关键之处首先是专注。艾萨克森写道："专注根植于乔布斯的个性中，并被他的禅宗训练磨炼得更坚定，他无情地过滤掉那些他认为会分散注意力的东西。"

苹果能变成一家如此伟大的公司，原因之一是它推出的产品既漂亮又好用。但如果你再仔细想想，就会发现苹果公司如此成功的另一个原因是，这家公司的所有产品一张大桌子就摆得下。去过苹果商店

第 11 章
持续沟通，为成功加速

没有？只要你拿起它的任何一款产品，无论是平板电脑、智能手表、手机还是电脑，一个大购物袋都能装走。

1997年乔布斯重返苹果公司时，这家公司已经濒临破产，只剩下供60天周转的现金，并且正在生产数十种不同类型的产品和外围设备。于是他关停了1 040个项目，只专注于4大类：消费产品、专业产品、桌面设备、便携式设备。然后，他把前100名团队成员召集到一起，集思广益，对产品、想法和公司下一步应该做的事情进行探讨。他们缩减了事项列表，只留下前10个项目，然后乔布斯进一步精减了列表。乔布斯也因其所说的"我们只能做3件事"而声（臭）名远扬。只做3件事。起初这话听起来可能很疯狂，但很少有人能否认，乔布斯的方法给公司带来了惊人的成功。

再重复一遍：只做3件事。这种清晰和专注的方式将整个苹果团队凝聚在一起。

如果你全神贯注于你控制范围内的3件事，不管是什么事，你取得成功的机会都会非常大，尤其是当你特意把交流重点集中在这3件主要的事情上，把那些分散注意力或不相关的事情放在一边的时候。

清晰地传达我们的愿景、目标以及实现这些目标的步骤，并用简洁的语言把它们描述出来，需要剔除那些无助于实现目标的东西。在危机中更是如此。如果有些东西对你快速摆脱危机来说无关紧要，那

绝对掌控
SPAN OF CONTROL

就把它们扔掉。专注和清晰总能让你成为赢家。

相信我,只有清楚地知道你们要一起去哪里,才会更快地到达终点。

SPAN OF CONTROL

绝对掌控指南

- 你能够清晰简洁地表达你的愿景吗?现在试着大声说出来,并用手机给自己录音,然后听一听你的录音,是不是很清晰、很能鼓舞人心?根据你听录音的情况来判断,你会朝着这个愿景进发吗?
- 你身边有帮助你实现目标的人吗?如果没有,为什么?
- 你希望通过哪一件事,让每个人在离开时都能记得你的愿景?

SPAN OF CONTROL

第 12 章

勇于承担风险，完成"不可能的事"

"不可能完成"是一个谎言,实现你的目标所需要的只是付出巨大的努力。

Impossibility is a lie — all it takes to achieve your goals is a hell of a lotta effort.

第 12 章
勇于承担风险，完成"不可能的事"

除了美国海军和海军陆战队战斗机飞行员，世界上没有其他人会试图让夜间高速的战斗机在航母上降落，因为这样做太危险了。大多数人并不认可"高风险等于高回报"这个说法。根本原因在于，无论你投入多少训练，学会多少技术，还是会存在风险。这是一个令人不安的想法，不是吗？

在第一次准备夜间着陆航母之前，你需要经过数年的训练。然后我们还要花费无数的时间在讲座、模拟器、飞行、简报和汇报上，试图降低这种异常危险的环境中的风险。作为新飞行员，战斗机联队中的"掘金者"，我们专心地倾听各种战争故事和那些"当时我在场"的恐怖经历和成功故事，倾听各种戏称为"挖凿"的海军内幕信息。

要避免的事件清单有一英里长：不要太低，那会导致撞上斜坡；不要兴奋；如果你想用切断电源的方式恢复进近，这可能会是一个致命的错误；不要落后于功率曲线，否则你的引擎将没有足够的时

绝对掌控
SPAN OF CONTROL

间加速以攀升至一定的高度；不要让飞机飞得又低又慢；不管目标怎么移动，都不要在甲板倾斜的情况下"追逐甲板"；不要相信你的感觉或你看到的驾驶舱外的东西，因为你的大脑对它们的理解方式会出现错误。

为了努力做到严格遵守纪律并保持冷静，你需要处理大量的信息，面对巨大的压力。在与僚机和航母不间断的决策和交流中，我们不能表现出丝毫的情绪，只有冷静和自信。但如果让我们都戴上心率监测器，冷静和自信掩盖下的紧张和焦虑就显露无遗了。

我们知道，当怀疑、不确定或恐慌悄然来袭，事情会很快变糟。作为舰载海军飞行员，我们都有朋友因着陆失败而丧生，即使是最好的飞行员也会犯下致命的错误。我们看过那些事故镜头，那些画面深深地烙在我们的记忆中，当黑暗降临之后便会浮现出来。

夜间飞行最为糟糕，一切都变得更加极端，几乎没有任何犯错的余地。你翻来覆去地检查各种设置、燃料状态、引擎读数，以及加油机的位置。当要放下起落架和襟翼的时候，我们专心致志地进入着陆状态，那种感觉就好像是时间要么加速，要么停止，我们对此得心应手。

无论你做什么，即使你感到绝望，你也不能去"定位甲板"，因为你会落在你盯着看的那个地方。即使在一片漆黑中，我们的本能也

第 12 章
勇于承担风险，完成"不可能的事"

是急切地想看到并寻找确定性。"定位甲板"意味着你正在盯着你想降落的地方，这样，最终你会落在甲板实际着陆区下方的食品储藏室上。这是一个可怕的事件，这时候飞行员实际上是撞到了航母吃水线和舰尾顶端之间的某个地方。

这比玩俄罗斯轮盘赌还糟糕，命运的天平不在你这一边。

怎么会出现这种情况？当你不再扫视各种仪器和周围环境，而是专注于你想降落的那个点时，就会出现定位甲板的情况。当你已经决定在一个非常小的区域着陆，而这个区域在一定的角度下不断与你拉开距离，这时候盯住这个预定的着陆点就成了一个难题。因为几秒钟后，你试图着陆的地方将偏离刚才你看的那个点，你永远不会降落在你想要降落的地方。

仔细想一想，你会觉得这很有道理。我们的大脑一直在努力地寻找一件我们可以在不确定或危机时期能够控制或坚持的事情。但有一点要注意的是，我们必须保持对周围环境和我们实际可控的事物的关注。

在有压力的时候，我们尽最大努力保持警觉。我们努力进行适当的划分，抛开所有不必要的干扰。我们期待逆境，但也期待并决心发展壮大。这需要勇气，需要你自觉地去做艰苦的工作，不断学习，并且相信无论遇到什么问题，你都能处理好。

这是一种思维模式。战斗机飞行员在正念出现之前就已经在练习了。

用积极的心态，重新评估自己

你知道眼科医生的视力测试吗，上面有个大写的E，然后下面11行字母越来越小的那种？它被称为斯内伦视力表，目的是测量你的视力和焦距。标准视力表最初放在20英尺远的地方，这就是为什么我们大多数人都认为"左眼20，右眼20"代表完美的视力。

正如你可能想到的那样，在4万英尺的高空中，在不同的能见度下，以2马赫的速度驾驶一台价值数百万美元的机器，这有着严格的视力要求。战斗机飞行员必须接受严格的测试，以证明他们拥有完美的视力。这意味着你坐在验光师的椅子上，在不戴普通眼镜和隐形眼镜的情况下，能看清视力表上的每一个小字母；并且意味着你不是色盲，也没有视力缺陷。

对飞行员视力的要求极高以及飞行员的视力很强的普遍认识，成为著名社会心理学家埃伦·兰格（Ellen Langer）博士进行的一项开创性实验的基础。兰格博士是哈佛大学心理学系第一位获得终身教职的女教授。

第 12 章
勇于承担风险，完成"不可能的事"

兰格的研究小组测试了麻省理工学院预备役军官训练营中一组学生的视力，当时他们还都不是飞行员。研究小组给学生们穿上飞行员的绿色的诺梅克斯飞行服，并让他们进入一个飞行模拟器中，特别要求他们主动把自己想象成飞行员。模拟器是一个真实的驾驶舱，上面安装着模拟飞机运动和战斗机性能的液压升降机上的所有花里胡哨的东西。没有告诉这些新"飞行员"的一点是，研究人员将在驾驶舱内测试他们的视力。

兰格模拟了 4 架从前方靠近的飞机，每架飞机的机翼上都编有序号。志愿者被告知要读出 4 个机翼上的序号，但他们不知道的是这些序号大小相当于斯内伦视力表上的那些较小的字母。借着扮演飞行员的幌子，兰格像验光师一样秘密而机智地对他们进行了标准的眼科检查。

一个实验对照组接受了同样的初始视力测试。他们坐在驾驶舱里，然后模拟器被关掉了，他们只是看着电脑生成的飞机呼啸而过，并按照指示读出机翼上的序列号。

兰格发现了什么？毫无疑问，"飞行员"的视力更好一些，10 个志愿者中有 4 个在扮演飞行员时看得更清楚一些。有多少穿着普通牛仔裤和 T 恤衫一动不动坐着的对照组成员有视力提高的表现？

零。一个都没有。

但是兰格和她的团队想排除动机可能产生的任何影响。他们想弄清楚视力提高在多大程度上是受了心态影响。因此，研究人员将对照组成员带到驾驶舱，要求他们阅读一篇关于动机的短文。读完之后，跟他们进行鼓励性的谈话，并告诉他们要"保持积极主动"和"努力提高视力"，以便在视力测试中表现良好。

模拟器再次停止后，他们开始测试，然而结果没有任何改善。所有这些意味着什么呢？这项研究表明，仅仅相信"飞行员有良好视力"这一观念就足以改善志愿者"飞行员"的视力。

我想，这说明了"只要相信就真的能看到"。

你可能会想，这只是一个精心设计的实验而已。此外，参与人数也很少。兰格也这么认为，因此她决定用一种完全不同的方式来研究这个问题。在第二个实验中，她对"运动员拥有良好视力"这一信念进行测试。

兰格测试了更多天生运动能力相似的志愿者的视力。她让一些人做开合跳，其他人只是在房间里蹦蹦跳跳。她想通过让所有参与者都活跃起来的方式来平衡实验，但从心理学角度来看，开合跳比蹦蹦跳跳更具运动性。

当她重新测试他们的视力时，有 1/3 参加开合跳运动的志愿者的

第 12 章
勇于承担风险，完成"不可能的事"

视力得到了改善，在房间里蹦蹦跳跳的志愿者中只有一人的视力有所改善。记住，这两组人的体质基本一样。他们之间的唯一区别是因开合跳或蹦蹦跳跳而产生的心理状态，这足以让他们对世界的看法变得更加敏锐。

至少表面上看来是这样的。然而，兰格并没有就此止步。她进行了最后一次实验，这次利用了传统的斯内伦视力表所引发的思维模式。

当我们发现自己正在进行年度体检时，随着字母变得越来越小，我们许多人通常会对自己的选择感觉越来越不确定。我们可能会把前两行读得非常清楚，但是到了第 3 行，我们会发现自己完全不知所措。

在最后这次实验中，兰格和她的团队向人们展示了一张"颠倒"和"移位"的视力表：在最上面一行，它包括一些与第 3 行字母大小相等的字母，随着越来越往下，字母也变得越来越小。因为在人们的预期中，他们可以轻松地读出最上面的几行字母，哪怕是小得多的字母。总的来说，志愿者看到了自己平时看不到的字母。因为他们天生相信他们能够读出视力表最上面一行的字母，不管这些字母实际大小有多大，他们都能做到。所有这些意味着什么？

如果心态真的能影响和改变我们，也许我们可以更有意识地思考并重新评估自己，而不必通过微妙的科学从外部操纵。

除了积极的重新评价，看到事物好的一面，我们还可以尝试可能的重新评价，以此来看看当我们把自己的那些设限的信念从画面中剔除时，对我们来说真正可行的会是什么。

心理能够战胜生物本能。

信念可以战胜不可能。

心态可以战胜不可能。

这适用于真正的战斗机飞行员和扮演的"战斗机飞行员"、真正的运动员和扮演的"运动员"，以及你和那个你可能成为的"你"。告诉你一个经验之谈：你比你想象的能更好地控制自己。

> SPAN OF CONTROL
> 你比你想象的能更好地控制自己。

我们都有过设限的自我对话："我就是不擅长数学""我永远不可能像他那样弹吉他""这可不是女孩做的工作""有人已经说过了，我没有什么要补充的""我不够强"或者"我不够快"。

听起来熟悉吗？这都是些表达恐惧的说法，而且是一种内心的自我挫败。尽管做梦也不会想到对别人说，但你一直对这些话耿耿于怀。这些内心的恐惧在给你讲一个胡说八道的故事，而你却相信了。

这种自我对话会影响到我们的心态、能力、天赋、潜力，甚至智力。

第 12 章
勇于承担风险,完成"不可能的事"

那么,我们要如何增强信心,向那些可能实现的方向趋近呢?怎样才能改变我们对自己、队友、家人、朋友和孩子说话的方式?

假设你已经花时间做好了准备、执行和获胜这 3 个步骤,这里有一个练习为可能的事情留有余地的简单方法。回答下列几个问题:

- 如果你投入工作,可能会有什么样的结果?
- 如果你能够疏导恐惧、沮丧、激情或愤怒,可能会有什么样的结果?
- 如果你采取行动,可能会有什么样的结果?
- 如果你尝试新事物,可能会有什么样的结果?
- 如果你成功了,可能会怎样?
- 如果你失败了,你能从中学到什么?
- 如果你将自己的精力用于自身之外的目标,可能会有什么样的结果?
- 如果你专注于自己的控制范围,可能会有什么样的结果?

你描述自己在各种情况下的行为反应的词句可以体现出你的心态。内心举棋不定的时候,对自己说一句"我只是还没有完成"或者"我们还没到那一步",这就为成功创造了可能性。然后继续工作,采取行动,学习、提高,这样就更容易发现你可

> SPAN OF CONTROL
>
> 你描述自己在各种情况下的行为反应的词句可以体现出你的心态。

绝对掌控
SPAN OF CONTROL

能实现的目标。

我打赌你永远也回答不出这个问题：

拿破仑·波拿巴、梦游者和狗这三者有什么共同点？有人知道吗？人们都对这三者存在重要的误解。

任何被指责有"拿破仑情结"的人可能都不会被当成房间里最高的人。谈到法国历史上的巨人拿破仑时，我们会把他想象成一个自负的小矮子，但这并没有多少事实依据。事实上，拿破仑身高5英尺7英寸，约170厘米，高于当时法国人的平均身高。

你知道叫醒一个梦游者不会对他们造成伤害吗？当然，他们可能会有点分不清东南西北。他们睡觉的时候上了床，醒来后却发现自己在院子里，谁不会犯迷糊呢，但这不会对他们造成身体伤害。

我们大多数人认为，你可以用狗的年龄乘以7来计算它们相当于人类年龄大概多少岁。但这只是自13世纪流传至今的一个猜测，并没有什么科学性可言。

事实是，我们之所以相信很多事情是真的，是因为我们听到它们常被人提起，但我们从未想过质疑它们的真实性。现在我们知道，信念在我们如何看待世界、如何生活，以及如何决定我们的未来方面扮

第 12 章
勇于承担风险，完成"不可能的事"

演了多么重要的角色。

通常，我们听到一些事情，然后思考这些事情，将得出的结论转化为信念，我们的信念就是这样来的。然而，心理学家告诉我们，当我们听到某件事时，不管是真是假，我们的大脑会本能地相信它是一种事实，这意味着以后想驳倒它非常困难。

1993 年，哈佛大学心理学家丹尼尔·吉尔伯特做了一系列实验，证实了这样一个观点：我们默认所听到和读到的都是事实。在实验中，受试者被要求阅读一系列关于刑事被告的报告。报告内容被标上了颜色，以明确它们是真是假。受试者在时间压力下或因轻微分心而增加了认知负荷，在回忆报告的真假时会犯更多的错误。但这些错误不是随机的。不管面临什么样的压力，他们相信所有的报告内容都是真实的，不管它们贴着什么标签。

首先，这意味着我们压力越大，就越不可能做出明智和深思熟虑的决定。所以，如果你因不堪重负而无法清晰思考，那么做重要的决定时就一定要谨慎。其次，也是更重要的一点，吉尔伯特的研究表明，我们过去固有地认为是事实的事情，会反过来形成我们对可能发生的事情的偏见。

SPAN OF CONTROL

我们过去固有地认为是事实的事情，会反过来形成我们对可能发生的事情的偏见。

绝对掌控
SPAN OF CONTROL

拿破仑认为自己矮吗？

梦游者害怕被吵醒吗？

狗狗们会错过重要的生日吗？

回想一下那些你听说某些事情"不可能"的时刻。有时候你都没有说出自己的想法，仅仅是因为你知道自己听到的回答会是"那是不可能的"。

每一种信念，包括你对自己的信念，都是通过经验积累形成。也许当你还是个孩子的时候，有人对你说你有注意力不集中的问题，从那以后你就相信了。它不仅让你相信这是一个事实，还告诉了你，你是什么样的人，你有什么样的能力。最终，它甚至可能成为你如何看待自己和理解周围世界的决定性特征。

你做出的那些决定和采取的行动都是基于你的信念。它们塑造了你。用这个模式思考一下就明白了：

信念 + 行动 = 你

事实上，identity（身份）这个词最初来源于拉丁语 essentitas（存在）和 identidem（重复），你的身份实际上就是你的"重复存在"。

如果说你的行为体现了你的身份，那么当你每天整理床铺时，你

第 12 章
勇于承担风险，完成"不可能的事"

就体现了一个有条理的人的身份。当你每天写作时，你体现了一个有创造力的人的身份。当你每天训练时，你体现了一个运动员的身份。我们的行为起着决定性作用，因为它们是我们养成习惯的方式，无论这些习惯是好的还是坏的。

通过角色扮演，兰格实验中的"飞行员"和"运动员"角色定义了他们的能力。扮演他们被分配的角色使他们感觉自己更像他们所体现的形象。当然，这是模拟的，那些志愿者不会驾驶F-14雄猫战斗机，也不会参加超级碗[1]，但这确实对他们超越极限产生了心理和生理上的影响。

我再说一遍，你的行为和习惯很重要。你重复一种行为越多，就越能强化与这种行为相关的认同。养成习惯的过程，就是成为自己的过程。当然，进化是一个渐进的过程。

我们不可能打个响指下定决心成为一个全新的人，就会立即脱胎换骨。仅仅嘴上说自己是运动员并不能让你成为真正的运动员。相反，我们是一点点、一天天、一次又一次地改变。我们所做的每一个选择，都在促使自我的微观进化。

SPAN OF CONTROL

> 我们所做的每一个选择，都在促使自我的微观进化。

---

[1] 美国国家橄榄球联盟年度冠军赛。——译者注

绝对掌控
SPAN OF CONTROL

你采取的每一个行动都是在为你想成为的人投下一票。如果你读完了一本书，那么可能你是那种喜欢阅读的人。如果你去健身房，那么可能你是那种喜欢运动的人。

最终，你会变成你认为的那种人。归结起来，你需要从失败中吸取教训，抛弃任何阻碍你前进的坚定信念。我们中的很多人都低估了自己的能力，而事实上，我们更有可能做到我们能想到的任何事情。

所以，嘴上说自己是运动员却不努力付出，这并不能让你成为运动员。然而，相信自己可以成为一名运动员，然后采取适当的行动去暗自努力并坚持下去，这样做就很可能会让你成为一名运动员。这就是为什么说把你的时间、精力、思想和资源用于解决对你来说最重要的挑战是如此重要。

SPAN OF CONTROL　　格式化行动

问问自己：今天你采取了什么行动，使自己更接近你想成为的那个人？

首先，用一个词或短语来描述你想成为的人。这个人可能是作家、CEO、脱口秀主持人或战斗机飞行员。

_____

_____

第 12 章
勇于承担风险，完成"不可能的事"

_____

然后写下你今天和昨天做过的事。

_____

_____

_____

_____

_____

_____

在过去的两天里，你做过什么有助于你成为你想成为的那种人的事吗？如果有，那就太好了！继续下去，看明天能不能做更多。如果没有，为什么？准确地写出阻碍你行动的事情。

打破自我设限，永不言弃

当我们对自己能控制什么和不能控制什么感到困惑时，生活的压力就会向我们袭来。我们对可能性的感觉也会减弱，我们对未来的憧憬会渐渐变成它真实面目的苍白的影子，我们设限的信念变成了手铐。

绝对掌控
SPAN OF CONTROL

但是，如果你能排除所有的干扰，只专注于你能控制的事情，这说明此时此刻你对自己潜能的认识又增进了一层。想象一个长满各种令人厌恶的杂草的花园。只有当你开始清除那些扼杀你劳动成果的杂草时，你才会开始发现你可以超越那些你认为"不可能"的事情。

我想和你们分享最后一个关于赛艇的故事，我认为这个故事概括了我们讲的所有内容。2019年，华盛顿大学赫斯基女子赛艇队以第四名的成绩进入美国全国大学体育协会（National Collegiate Athletic Association，NCAA）赛艇锦标赛，这是赛艇历史上最激动人心和最激烈的比赛之一。NCAA锦标赛是一项为期3天的世界级比赛，只有美国各地速度最快的船只才能参加。

在比赛的最后一天，3艘赫斯基赛艇都赢得了参加第一赛区总决赛的席位。在每场决赛的中途，华盛顿大学的每艘赛艇都紧追不舍，值得注意的是，大学代表队的赛艇冲过1 000米大关时还排名第六，最终却第一个越过了终点线。

3场决赛都紧张激烈。在每场比赛中，赫斯基队的赛艇最终都创造了NCAA纪录，8次中有2次以不到1秒的优势获胜。这支队伍已经在3年内两次横扫了NCAA冠军。他们是如何取得这一史无前例的成就的？当眼看着成功就要从你手中溜走时，你该如何获得额外的力量？

第 12 章
勇于承担风险，完成"不可能的事"

我以前的一个大学队友正好是他们的主教练。据前威斯康星大学麦迪逊分校舵手、8 年美国国家队队员、两届美国奥运会选手、奥运会队长和世界冠军、主教练亚斯明·法鲁克（Yasmin Farooq）说，这归结于他们所受的训练、他们的心态、他们对彼此的信任，以及对可能发生的事情的清楚意识。他们专注于自己的赛艇以及他们能控制的东西。

当团队到达起跑线时，他们关心的是比自身更重要的事情，他们不是简单地齐心协力，而是互相帮助。决赛前的热身赛中，来自得克萨斯州的赛艇实际上已经超过了他们，所以他们知道得克萨斯队的速度很快，两个队的水平很接近，自己没有出错的余地。

他们也知道，他们可以信任自己，队友之间也能够相互信任。他们已经准备好并投入其中，细心研究了自己的成绩数据，并且刻苦训练。然后就是比赛时间。大家兴奋地来到起跑线上，重新规划各种可能性，同时庆祝获得比赛的机会。这是这支队伍有史以来第一次在 3 场决赛中都有 3 艘船获得了参赛资格。太令人兴奋了。

他们的一句口号是："我们只能控制我们自己、我们的船、我们的航道。"每艘赛艇都贡献了一场激动人心的表演。最后 500 米完全是靠着人类必胜的意志拼下来的。他们准备好了。他们行动了。通过关注他们的控制范围，他们取得了胜利，超越了人们对他们的期望或预测。

绝对掌控
SPAN OF CONTROL

我们经常被各种界限所束缚，这其中大部分是我们自己创造的意念障碍和限制性理念。然后，我们声称之所以结果糟糕，是因为时间、资金、天赋和选择有限。"不可能完成"是一个谎言，实现你的目标所需要的只是需要付出巨大的努力。

情绪跟随行动。每一次都是如此。记住，如果有人已经实现了或接近实现了你的目标，那就证明这个目标你也可以实现。拓展自己的极限，打破你为自己设置的局限。即使你的目标是前人没有做过的事情，也并不意味着它不能完成。历史上充满了各种各样的第一次。人们决定做一件看似不可能的事情，并最终实现，这种情况太多了。不谦虚地说，美国海军第一位女性 F-14 雄猫战斗机飞行员就在你面前！

> SPAN OF CONTROL
> 如果有人已经实现了或接近实现了你的目标，那就证明这个目标你也可以实现。

你会遇到障碍，会遇到隔阂，也会遇到挫折。有时你可以付出努力，你可以在班上名列前茅，但仍会有超出你控制范围的事情阻碍你。保持顽强，保持坚韧不拔。寻找其他方法来完成需要做的事情。当你还有成功的可能时，不要放弃！如果你永不言弃，如果你继续学习，采取行动，并相信可能性，最终你会发现自己在恰当的时间和环境下获得了成功。

纵观每个领域、每个行业和每个角色，无论是运动员还是高管、

第 12 章
勇于承担风险，完成"不可能的事"

父亲还是母亲、学生还是企业家、战斗机飞行员还是陆军游骑兵，你都会发现，最伟大的领导者和最佳表现者永远是那些愿意承担风险的人，是那些愿意超越各种可能性的人。

> **SPAN OF CONTROL**
>
> 最伟大的领导者和最佳表现者永远是那些愿意承担风险的人。

为什么会这样？因为他们知道自己想要什么、能控制什么，有一个从错误中学习的简单过程，因此可以为自己创造更多的机会。冒险从来都非易事，它需要钢铁般的意志。如果你有勇气站出来去争取，如果你能尊重自己的声音、本能和激情，即使其他人都告诉你要放弃，你也能谱写出自己的故事。

我们遇到的一些限制属于外部影响，如市场或气候。它们可以决定和塑造我们现有的目标，但在如此严重的约束和限制下，我们该如何工作仍然取决于我们自己。

我希望你现在和我一样思考一下这句话：你不必精确地预测未来会发生什么，你也不可能控制一切。你需要培养的能力是站出来，尽你所能为自己创造未来。

这需要灵活性。
这需要韧性。

绝对掌控
SPAN OF CONTROL

这需要纪律。

这需要努力。

这需要清晰。

这需要实践。

这需要集中注意力。

这需要别人的帮助。

这需要你站出来参与。

不要等待别人请你来改变你的生活,不会有这种事。如果你真的、真的需要一个邀请,那就考虑考虑下面这个吧。想想对你来说什么是真正有可能的事,要求自己每天只做一件让你有点害怕的事情,让自己离目标更近一步。

为了解决这个混乱的问题,让我们的目标、梦想和承诺得以实现,我们就要明白,当压力来临时,必须知道自己能控制什么、不能控制什么。

绝对掌控是一个工具、一份参照准则、一枚指南针、一种引导力量,它能帮助你驾驭可能性、发现机会并采取行动。绝对掌控能够帮助你厘清复杂的事情,一步一步地克服恐惧、模糊和不确定性……

第 12 章
勇于承担风险，完成"不可能的事"

SPAN OF CONTROL

绝对掌控指南

- 专注于最重要的事情。找出最重要的 3 件事，排除所有的干扰。
- 为成功制订"飞行计划"。准备、执行、获胜，永远不要依赖运气取得成功。
- 针对可能的事情进行沟通。要简洁、精确、清晰、前后一致。

结　语

持续战斗，一切皆有可能

没有人能单枪匹马取得成功。

成功之路充满挑战。在充满压力、不确定性甚至危机的时刻保持脚踏实地的基础，就是了解历史，了解上周、上个月、去年之前发生了什么，或者任何社交媒体算法发现的东西，它们可以提供一个视角，让我们认清当前遇到的无法抗拒的各种问题。

历史给了我信心，让我相信我和你都有能力抵御任何风暴。当你了解历史时，通过阅读背景故事，倾听奋斗者的第一手记录和评论，见证前人的耐力和成就，一切都会变得更可行。历史反映了我们的承受能力、创新能力、适应能力和克服困难的能力。如果我们决定阅读、研究、倾听和学习，然后选择挺身而出并产生积极的影响，克服逆境的可能性就会变得越来越大。

绝对掌控
SPAN OF CONTROL

经常有人问我这样一些问题：谁激励了我，谁是我的榜样或导师，或者我觉得哪些话很有启发性。为了给你一个最诚实的答案，我需要你和我一起回到过去。

我在威斯康星州奥什科什的实验飞机协会航展举办地附近长大，这里举办过全世界最大、最好的航展。每年夏天，父亲都会带我和哥哥去看航展，去见见他在飞行中队时的老伙伴，爬到一些罕见的飞机上去看一看，甚至和一些现役飞行员聊聊天。

我只在少数场合见过女飞行员。但是，在我大约11岁的时候，一个闷热的夏日午后，我遇到了一位女子航空勤务飞行队的女飞行员，她是在二战期间进入男性军事飞行员队伍的了不起的女性群体中的一员。当时我不知道她们都做什么工作，也不知道她们会不会为我提供帮助。

1942年，美国正面临着严重的飞行员短缺的问题，大部分飞行员都被派往欧洲或太平洋地区参加作战行动。珍珠港事件后，飞机的生产速度翻倍，需要更多的飞行员来测试飞机、训练飞行员和运送飞机。在那之前，从没有女性驾驶过军用飞机。他们决定首先启动一个项目，看看女性是否可以成为军事飞行员。如果可以的话，就开始训练女性驾驶军用飞机，这样男性就可以被解放出来去参加战斗。

最初的项目名为"女子辅助渡运中队"，领导该项目的南希·哈

结　语
持续战斗，一切皆有可能

克尼斯·洛夫（Nancy Harkness Love）是一位著名的商业飞行员和试飞员，曾在华盛顿特区航空运输司令部渡运处担任文职。

最初，女性申请加入女子辅助渡运中队的标准比任何想成为军事飞行员的男性都要高得多。男性申请人不需要飞行时间记录，女性呢？她们被要求有500小时的飞行经验。500小时！她们还需要持有至少200马力①的商用飞行员驾驶证，而200马力飞机的发动机比军事训练指挥部的飞机的发动机还要大。不仅如此，她们还需要个人额外掏100美元来支付制服费用。

美国陆军飞行员司令阿诺德将军认识到，在美国不可能找到足够多符合这些要求的女兵，因此他授权成立第二个中队。这个项目由杰奎琳·科克伦（Jacqueline Cochran）领导，她是一名非常有才华的空中赛车手，也是当时速度的纪录保持者。最初申请要求200小时的飞行时间，但很快减少到35小时。即使是35小时，也是用作筛选的标准，旨在尽早淘汰申请人，似乎没有飞行时间是这些女性缺乏健康或毅力的表现。

最终，这两个独立的女子中队合二为一，并被重新命名为"女子航空勤务飞行队"。女子航空勤务飞行队吸引了约2.5万名申请者，其中有1 830人被接收，1 074人获得飞行徽章。在为国家效力的过

---

① 工程技术上常用的一种计量功率的单位，1马力 ≈735瓦特。——编者注

程中，有 38 人在美国国内飞行任务中丧生。女子航空勤务飞行队运送了 78 种类型的 12 000 多架飞机，飞行了 200 多万小时，服役期间不享受军事福利，所获报酬还不到被她们取代的男性民用渡运飞行员的一半。

虽然没有经过战斗训练，但女子航空勤务飞行队总共飞行了 6 000 万英里，执行了作战测试飞行、施放烟幕、在男性炮手向她们发射实弹的情况下牵引空中目标、运输货物，以及各种其他任务。1944 年 12 月，女子航空勤务飞行队已经飞过为二战制造的各种类型的军用飞机，而且她们的安全纪录比做同样工作的男性飞行员好得多。

在激情和爱国主义的驱动下，女飞行队员们心甘情愿地做出和男性队员一样的牺牲，但获得的回报要少得多。她们都是志愿者、平民，尽管她们的入选要求要高得多，但她们和男性一样接受严格的体能训练和测试。正如你可能想象的那样，她们经常被要求达到比男性更高的个人和职业标准，她们忍受着歧视、虚假的新闻报道和公然的诋毁。

女子航空勤务飞行队不仅在赢得战争中发挥了关键作用，而且轻而易举地摧毁了"女性不能成为军事飞行员"的观念。当战争胜利，男人们回到家中时，女队员们也被告知收拾行装，扔掉皮夹克，回家扮演好妻子、好母亲和好姐妹的角色，人们不再需要她们的存在和服

结　语
持续战斗，一切皆有可能

务。甚至在战争时期，女飞行队员也没有被正式承认为军事飞行员。

对大多数女性飞行队员来说，这是一次极其痛苦的经历。忽视她们贡献的真正价值摧毁了她们的核心自我意识。她们失去了曾经为她们带来队友和朋友、目标感和潜能感的工作。有些人从未从心碎和被背叛的感觉中完全恢复过来。

她们曾有过远大的梦想，获得了令人尊敬的飞行地位，然后又被毫不客气地夺走了。大多数女子航空勤务飞行队队员在航空领域寻找工作，但即使有成百上千小时的飞行经验，她们仍被拒之门外。这个行业只雇用从战场上回来的男性。这些女性在求职的时候被一再拒绝，不是因为她们不合格，仅仅是因为她们的性别。

几乎没有人诉说她们的故事。许多人陷入绝望。她们不会出现在历史书中，不会有改变她们生活的《退伍军人权利法案》，不会获得称心的航空工作，不会有医疗福利或服务；那些在服役中丧生的女队员，不会有国旗挂在她们亲人的壁炉架上。美国似乎忘记了女性曾经执行过飞行任务这个事实。她们是二战中被遗忘的女英雄。

女子航空勤务飞行队解散后，又过了30年，女性才再次被允许在军用航空领域执行飞行任务，这些女性将不得不像二战中的那些女性一样，再次与同样的隔阂、阻碍和误解做斗争。几十年过去了，最后一小部分女子航空勤务飞行队队员加倍努力，年复一年地游说

绝对掌控
SPAN OF CONTROL

国会、参议院和退伍军人管理局,最终让她们曾在军中服役一事得到承认。

许多人在生命的最后几年都在为这种认可而奋斗。1977年底,卡特总统签署了《退伍军人权利法案改进法案》以及一项修正案,"正式宣布女子航空勤务飞行队曾在美国武装部队进行战时服役,以符合退伍军人管理局实施的法律"。然而,这项法案仍然充满漏洞,比如剥夺了女子航空勤务飞行队大多数退伍军人的福利。

所以她们继续战斗。直到2009年6月,国会才投票授予女子航空勤务飞行队国会金质奖章,这是国会可以授予的最高平民荣誉。2010年3月,女子航空勤务飞行队在白宫举行的仪式上接受了该奖章。而此时,大多数女性队员早已过世,终生没有见到她们的牺牲得到正式认可。

女子航空勤务飞行队为服务国家接受了各项挑战,她们在未知的水域飞行,战胜了人们长期以来认为女性不能飞行的观念,并在服役期间克服了遇到的每一个障碍,包括飞机被蓄意破坏、领导层不支持、被要求不要登上头条新闻、如果敢抛头露面就会受到强烈的暴力威胁等。她们还被要求低调行事,不要表现得太咄咄逼人、太苛刻、太雄心勃勃、太能干、太热切地要求她们所获得的东西。

然而,尽管如此,或许因为这些共同的经历,她们仍然会给他

结　语
持续战斗，一切皆有可能

人提供帮助。

就在 1977 年美国《退伍军人权利法案改进法案》认可她们之后，她们成立了女子军事飞行员协会，来鼓舞、激励和授权现有的女性军事飞行员，同时为以前的女性飞行员提供支持和帮助。她们伸出援手，给那些仍然发现自己是中队中为数不多的女性之一的人提供鼓励、建议和经验教训。今天，该组织仍然存在，它的使命是"出于历史、教育和文学目的，起到促进和保护女性飞行员、领航员和机组人员在战争及和平时期为国家服务的作用"。她们将自己的奋斗转化为一种共同的力量，给他人提供帮助，帮助后来者提升自己。

我希望能更全面地了解她们的故事、她们的经历，以及她们如何克服了我在初入航校时遇到的种种挑战。当时我只知道她们成功地执行过飞行任务。虽然没有完全理解，但她们是我从训练的第一天起就坚定不移地相信"飞机没有性别歧视"的部分原因。我想，只要我表现优异就行了，其他都不重要，任何其他关于性别和能力的讨论对我来说都是浪费精力。早在 20 世纪 40 年代的女性就曾在军队中飞行，我知道我正站在这些敢为人先的女性的肩膀上。所以在我看来，我们现在还要进行这些讨论简直是疯了。

我有很多东西要学，现在仍然如此。几年前，在我服完兵役后，我有幸在女子军事飞行员协会的董事会任职，然后担任了主席。在那段时间里，我有幸认识了很多女性飞行员，她们不仅是我钦佩的对象，

也是我成长路上的良师益友。她们的经历跨越数年甚至数十年，包括从我之前的那一代飞行员到20世纪40年代从事飞行的女性，还包括女子航空勤务飞行队的队员们。要是我在军队服役期间能认识她们、了解她们的故事、接受她们的指导就好了，那会让我更深刻地理解我所经历的一切。

我记得在女子航空勤务飞行队的唐·西摩（Dawn Seymour）去世前几年的一次航空会议上，我与她进行了一次长时间的谈话，她告诉我，女子航空勤务飞行队解散后，她几近崩溃，以至于她将所有的装备、照片和回忆录打包进箱子，然后藏在一个壁橱里。几十年来，她从来没有跟外人说起过自己的经历，包括她的朋友、家人，甚至她的孩子都不知道此事。没有人知道她曾经是一名女飞行队员。那只箱子最终搬到了她的卧室，就放在家人的眼皮底下，但她不让别人触摸它、打开它，或者谈论它。20世纪70年代，她参加了第一次队员聚会。但直到20世纪80年代，她才觉得自己足够强大，可以面对诸多以前的人。将近40年后，她终于和她的孩子们分享了自己服役的故事。

现如今，绝大多数美国人甚至没有听说过女子航空勤务飞行队。然而，这支队伍和追随它的女性一起克服困难，坚持不懈，为获得认可、正义和公平待遇而斗争，充分体现出睿智和无私的精神。她们蔑视人们对她们的各种评价，采取主动，克服所有困难。最重要的是，在被解散之后，她们重振信心，团结到一起，共同应对。

结　语
持续战斗，一切皆有可能

你如何超越各种局限呢？

在调查历史并扩展对历史的理解中，你会认识和尊重这样一个事实：我们所有人都站在前人的肩膀上。谈到驱动我们的目标、我们经历的事情以及我们仍然可以完成的事情，这些都与过去有联系。**历史最大程度地提醒我们，当你专注于绝对掌控时，一切皆有可能。**

30多年来，我一直在各种组织中生活、学习，研究领导力、高绩效行为和风险管理。我见过那些真正的领导者如何鼓舞他人并给予他们走向成功所需的支持。说到底，如果我们想要发展壮大一个国家、一个组织、一个团队、一个家庭、一个朋友圈或者我们自己，最终到达一个比今天更有价值更有意义的高度，我们该怎么做？我们需要给他人提供帮助。

我们需要给他人提供帮助，让人们和我们在一起，共同分享我们的经验教训、我们的力量、我们的忍耐力。

我们需要给他人提供帮助，传递我们从成功和失败中获得的专业知识和智慧。

你利用绝对掌控的力量，将它应用到你的生活和决策之中，然后与你周围的人分享这些技能和经验，这么做会有什么样的结果呢？一

绝对掌控
SPAN OF CONTROL

切皆有可能。

　　了解如何应对压力和不确定性，然后有意识地选择积极的应对方式，只有这样我们才能够把握当下，引导我们自己和我们的团队渡过各种充满挑战的时期，并为我们的后继者树立成功的榜样。

未来，属于终身学习者

我们正在亲历前所未有的变革——互联网改变了信息传递的方式，指数级技术快速发展并颠覆商业世界，人工智能正在侵占越来越多的人类领地。

面对这些变化，我们需要问自己：未来需要什么样的人才？

答案是，成为终身学习者。终身学习意味着具备全面的知识结构、强大的逻辑思考能力和敏锐的感知力。这是一套能够在不断变化中随时重建、更新认知体系的能力。阅读，无疑是帮助我们整合这些能力的最佳途径。

在充满不确定性的时代，答案并不总是简单地出现在书本之中。"读万卷书"不仅要亲自阅读、广泛阅读，也需要我们深入探索好书的内部世界，让知识不再局限于书本之中。

湛庐阅读 App: 与最聪明的人共同进化

我们现在推出全新的湛庐阅读 App，它将成为您在书本之外，践行终身学习的场所。

- 不用考虑"读什么"。这里汇集了湛庐所有纸质书、电子书、有声书和各种阅读服务。
- 可以学习"怎么读"。我们提供包括课程、精读班和讲书在内的全方位阅读解决方案。
- 谁来领读？您能最先了解到作者、译者、专家等大咖的前沿洞见，他们是高质量思想的源泉。
- 与谁共读？您将加入优秀的读者和终身学习者的行列，他们对阅读和学习具有持久的热情和源源不断的动力。

在湛庐阅读 App 首页，编辑为您精选了经典书目和优质音视频内容，每天早、中、晚更新，满足您不间断的阅读需求。

【特别专题】【主题书单】【人物特写】等原创专栏，提供专业、深度的解读和选书参考，回应社会议题，是您了解湛庐近千位重要作者思想的独家渠道。

在每本图书的详情页，您将通过深度导读栏目【专家视点】【深度访谈】和【书评】读懂、读透一本好书。

通过这个不设限的学习平台，您在任何时间、任何地点都能获得有价值的思想，并通过阅读实现终身学习。我们邀您共建一个与最聪明的人共同进化的社区，使其成为先进思想交汇的聚集地，这正是我们的使命和价值所在。

CHEERS

湛庐阅读 App
使用指南

读什么
- 纸质书
- 电子书
- 有声书

怎么读
- 课程
- 精读班
- 讲书
- 测一测
- 参考文献
- 图片资料

与谁共读
- 主题书单
- 特别专题
- 人物特写
- 日更专栏
- 编辑推荐

谁来领读
- 专家视点
- 深度访谈
- 书评
- 精彩视频

HERE COMES EVERYBODY

下载湛庐阅读 App
一站获取阅读服务

Span of Control © 2021 Carey D. Lohrenz

Original English language edition published by ForbesBooks 18 Broad Street, Charleston SC 29401, USA.

Arranged via Licensor's Agent: DropCap Inc.

Simplified Chinese rights arranged through CA-LINK International LLC

All rights reserved.

本书中文简体字版经授权在中华人民共和国境内独家出版发行。未经出版者书面许可，不得以任何方式抄袭、复制或节录本书中的任何部分。

版权所有，侵权必究。

图书在版编目（CIP）数据

绝对掌控 ／（美）凯丽·D.洛伦兹
(Carey D. Lohrenz) 著；孙文龙译. -- 杭州 ：浙江教
育出版社，2023.10
　　ISBN 978-7-5722-6544-0

　　Ⅰ．①绝… Ⅱ．①凯… ②孙… Ⅲ．①成功心理－通
俗读物 Ⅳ．①B848.4-49

中国国家版本馆CIP数据核字(2023)第176478号

上架指导：商业新知

版权所有，侵权必究
本书法律顾问　北京市盈科律师事务所　崔爽律师

浙江省版权局
著作权合同登记号
图字:11-2023-010号

绝对掌控
JUEDUI ZHANGKONG

［美］凯丽·D.洛伦兹（Carey D.Lohrenz） 著
孙文龙 译

责任编辑：	刘姗姗
文字编辑：	陈　煜
美术编辑：	韩　波
责任校对：	胡凯莉
责任印务：	陈　沁
封面设计：	ablackcover.com
出版发行	浙江教育出版社（杭州市天目山路40号）
印　　刷	天津中印联印务有限公司
开　　本	710mm×965mm　1/16
印　　张	19.75
版　　次	2023 年 10 月第 1 版
书　　号	ISBN 978-7-5722-6544-0

字　　数：217 千字
印　　次：2023 年 10 月第 1 次印刷
定　　价：119.90 元

如发现印装质量问题，影响阅读，请致电 010-56676359 联系调换。